Megdouda Ourbih

Amélioration de l'échantillonnage descriptif et applications

Megdouda Ourbih

Amélioration de l'échantillonnage descriptif et applications

Amélioration de l'échantillonnage descriptif :
Application aux problèmes de production et
d'ordonnancement d'atelier

Presses Académiques Francophones

Imprint

Any brand names and product names mentioned in this book are subject to trademark, brand or patent protection and are trademarks or registered trademarks of their respective holders. The use of brand names, product names, common names, trade names, product descriptions etc. even without a particular marking in this work is in no way to be construed to mean that such names may be regarded as unrestricted in respect of trademark and brand protection legislation and could thus be used by anyone.

Cover image: www.ingimage.com

Publisher:
Presses Académiques Francophones
is a trademark of
Dodo Books Indian Ocean Ltd. and OmniScriptum S.R.L publishing group

120 High Road, East Finchley, London, N2 9ED, United Kingdom
Str. Armeneasca 28/1, office 1, Chisinau MD-2012, Republic of Moldova, Europe
Printed at: see last page
ISBN: 978-3-8416-3307-1

Zugl. / Agréé par: Bejaia, Université de Bejaia, 2005

Copyright © Megdouda Ourbih
Copyright © 2015 Dodo Books Indian Ocean Ltd. and OmniScriptum S.R.L publishing group

Résumé

L'échantillonnage descriptif est une méthode qui contrôle complètement l'ensemble des valeurs de l'échantillon. Elle est basée sur un choix régulier de l'ensemble des valeurs de l'échantillon et sur leurs permutations aléatoires. Cette méthode génère deux types de problèmes, à savoir, le biais des estimateurs des paramètres des variables de sortie et la connaissance a priori de la taille de l'échantillon.

Cette thèse examine les différents cas dans lesquels L'échantillonnage descriptif génère le plus de biais. Nous avons montré son existence dans le cas où la surface des réponses possède une fréquence théorique égale ou est multiple de la fréquence échantionnale. Ainsi, nous avons proposé une amélioration de l'échantillonnage descriptif qui est basée sur des blocs d'échantillons réguliers dont les tailles sont des nombres premiers. Cette nouvelle approche réduit le biais pouvant être provoqué par l'échantillonnage descriptif. De plus, elle évite la connaissance a priori de la taille de l'échantillon.

Pour tester l'approcher proposée, nous avons d'abord identifié les différents modèles construits à travers un problème dont la variable d'entrée est une onde régulière. Sur un autre problème de même type, nous avons comparé les méthodes d'échantillonnage aléatoire, descriptif et descriptif amélioré. Nous avons également évalué les mesures de performance d'un système de production et d'un problème d'ordonnancement d'atelier.

Dédicace

A ma mère
A mon mari
A mes enfants :
« Yacine, Yanis et Mahdi »
A toute ma famille
A tous mes ami(e)s

                                                    &
A la mémoire de mon père

Remerciements

Je tiens à exprimer ma profonde reconnaissance au professeur Abdelnasser DAHMANI de m'avoir incité à reprendre la recherche et dirigé par la même occasion cette thèse. Il m'a apporté un soutien moral par sa disponibilité, ses encouragements et ses relations humaines. Pour cela, je le prie d'accepter mes sincères remerciements.

Je remercie très vivement Monsieur Mohamed AHMED NACER, professeur à l'USTHB – Alger, pour l'honneur qu'il me fait d'avoir accepté de présider ce jury.

Mes vifs remerciements vont aussi à Madame Natalia DJELLAB, Maitre de conférence à l'université Badji Mokhtar – Annaba et Monsieur Ali MELLIT, Maitre de conférence à l'université Mohamed Seddik Benyahia – Jijel en participant à ce jury.

Mes remerciements vont particulièrement à mon mari Abdelkamel TARI, enseignant-chercheur, chef de département informatique et responsable de l'école Doctorale en informatique, pour son aide remarquable et précieuse.

Je tiens à exprimer ma gratitude à tous les membres du Laboratoire de Mathématiques Appliquées de l'université de Bejaia pour toute l'aide et la compréhension dont ils ont fait preuve à mon égard.

Table des matières

1 Introduction   **1**

   1.1 Introduction générale 1

   1.2 Introduction à la simulation de Monte Carlo 2

   1.3 Introduction à l'échantillonnage descriptif 3

   1.4 Problème de biais 3

   1.5 Amélioration de l'échantillonnage descriptif 3

   1.6 Réduction du biais 4

   1.7 Aperçu de la thèse 4

2 Notions préliminaires   **6**

   2.1 Description du problème de simulation 6

   2.2 Génération des nombres aléatoires et les tables 7

   2.3 Génération des nombres pseudo-aléatoires 7

     2.3.1 Générateur congruentiel linéaire et mixte 7

   2.4 Tests de générateurs des nombres pseudo-aléatoires 8

   2.5 Génération d'échantillons suivant différentes lois de probabilités 8

     2.5.1 Méthode de l'inversion 9

     2.5.2 Méthode de rejet 10

     2.5.3 Méthode de composition 10

   2.6 Echantillonnage Aléatoire 10

     2.6.1 La surface des réponses 11

     2.6.2 Les erreurs d'échantillonnage 12

2.7	Méthode des histoires répliquées	13
2.8	La réduction de la variance	14
	2.8.1 Méthode des suites aléatoires complémentaires	14
	2.8.2 Méthode des variables de contrôle	15
2.9	Echantillonnage descriptif	15
	2.9.1 La procédure d'échantillonnage	15
	2.9.2 Echantillon descriptif	16
	2.9.3 Remarque	17
2.10	Simulation à événements discrets	17
	2.10.1 Méthodologie de simulation	17
	2.10.2 Différentes étapes de simulation	18
	2.10.3 Définitions	18
	2.10.4 Mécanisme de simulation	19
	2.10.5 Méthodes de simulation	19
	2.10.6 Construction du modèle:	19
	2.10.7 Méthode des 3 phases:	20
	2.10.8 Approche Activité :	20
2.11	Réseaux de Pétri	21
	2.11.1 Introduction	21
	2.11.2 Aspect structurel	21
	2.11.3 Aspect comportemental	22
2.12	Les réseaux de Pétri stochastiques	23
	2.12.1 Introduction	23
	2.12.2 Franchissement d'une transition	24
	2.12.3 Temps de franchissement	24
	2.12.4 Les probabilités d'états	25
2.13	Problèmes d'ordonnancement d'ateliers	25
3	**Etat de l'Art**	**27**
3.1	Introduction	27

3.2	Echantillonnage aléatoire	28
3.3	Autres méthodes	30
3.4	Relation entre le plan d'expérience et la simulation	33
3.5	Plan d'expérience aléatoire équilibré	34
3.6	Discussion	35

4 Etude de la surface des réponses   **36**

4.1	Modélisation de la surface des réponses	36
4.2	Evaluation du biais pour l'échantillonnage descriptif	40

5 Approche mathématique   **44**

5.1	Description de l'approche proposée	44
5.2	Histoire de Simulation	44
5.3	La génération des valeurs des sous-ensembles	46
5.4	Les sous-ensembles descriptifs	47
5.5	La structure de données	47
5.6	Algorithme	48
5.7	Evaluation du biais	48

6 Présentation de l'approche expérimentale   **52**

6.1	Introduction		52
6.2	Description des problèmes		53
	6.2.1	Problème 1	53
	6.2.2	Problème 2	53
	6.2.3	Problème 3	54
	6.2.4	Problème 4	54
6.3	Modélisation		56
	6.3.1	Problème 3	56
	6.3.2	Problème 4	57
6.4	Résolution des problèmes		58
	6.4.1	Problème 1	58

	6.4.2 Problème 2	59
	6.4.3 Problème 3	59

7 Simulation **61**

    7.1 Introduction 61

    7.2 Simulateur 1 62

        7.2.1 Conditions initiales 62

        7.2.2 Paramètres 62

        7.2.3 Estimation des performances 62

        7.2.4 Implémentation 62

    7.3 Simulateur 2 66

        7.3.1 Conditions initiales 67

        7.3.2 Paramètres 67

        7.3.3 Estimation des performances 67

        7.3.4 Implémentation 68

8 Résultats empiriques **74**

    8.1 Problème 1 74

    8.2 Problème 2 75

        8.2.1 Comparaison entre l'ED et l'EDA 75

        8.2.2 Comparaison entre l'EA et l'EDA 77

    8.3 Problème 3 78

    8.4 Problème 4 79

9 Conclusion et Perspectives **81**

CHAPITRE 1
Introduction

1.1 Introduction générale

La simulation est une technique dont l'importance ne cesse d'augmenter de jour en jour et dans plusieurs domaines comme une alternative à l'optimisation mathématique. Elle est devenue presque indispensable pour étudier les cas pratiques.

Il arrive souvent qu'on ne puisse pas construire le modèle analytique pour représenter un phénomène ou un système fort complexe, mais qu'on soit en revanche capable de le décomposer en événements élémentaires. On peut par exemple, tracer un graphe ou un organigramme des relations de succession entre ces divers événements élémentaires. De là, l'idée de recourir à la simulation, et d'effectuer ainsi à l'aide du modèle, des expériences artificielles qui puissent fournir une valeur de la variable de sortie lorsque les variables d'entrée sont conformes aux lois de probabilité observées dans un cas réel.

On ne doit pas opposer les méthodes analytiques et les "méthodes expérimentales" appelées aussi "méthode de simulation", elles se développent en symbiose. D'une part, des simulations s'appuient sur un modèle analytique partiel, et d'autre part, bien souvent, une étude expérimentale permet de perfectionner un modèle mathématique.

1.2 Introduction à la simulation de Monte Carlo

Notre intérêt est porté sur la simulation stochastique appelée aussi simulation de Monte Carlo. Dans cette dernière, des modèles de simulation contenant une ou plusieurs variables aléatoires pour lesquelles des nombres aléatoires, suivant une loi uniforme doivent être générés afin d'obtenir des échantillons des distributions correspondantes. Le but d'une telle simulation est d'estimer les paramètres inconnus du système étudié. Les modèles de gestion de stocks, les files d'attentes et certains modèles d'économétries sont quelques applications connues et résolues par une telle simulation.

La simulation de Monte Carlo est une expérience d'échantillonnage, c'est à dire, que les nombres aléatoires sont utilisés pour générer seulement quelques réponses parmi toutes les réponses possibles qui correspondent à toutes les permutations de nombres aléatoires.

Dans la simulation, la procédure d'échantillonnage doit extraire autant d'info-rmation possible des variables aléatoires d'entrée. Ceci s'opère en représentant une variable stochastique à travers un échantillon qui imite complètement son comportement aléatoire.

Dans le cas où la taille de l'échantillon est suffisamment grande, l'échantillon aléatoire représente bien le comportement probabiliste d'une variable aléatoire. Par conséquent, la méthode de Monte Carlo (MC), appelée plus tard, méthode d'échantillonnage aléatoire est devenu la procédure d'échantillonnage standard en simulation. Malheureusement, il est souvent coûteux de prendre des échantillons suffisamment grands en raison de l'espace mémoire et du temps machine nécessaire pour son utilisation. Par conséquent, les estimateurs de l'échantillonnage aléatoire varient grâce à l'effet ensembliste et séquentiel de cette méthode ainsi nous observons une mauvaise représentation du comportement aléatoire de la variable stochastique.

En simulation, toutes les distributions d'entrée sont connues au préalable, il est par conséquent plus réaliste d'utiliser ces connaissances lorsque nous effectuons une expérience quelconque. Dans ces conditions, un contrôle complet sur la variabilité ensembliste peut être atteint par une sélection déterministe de l'ensemble des valeurs de la variable d'entrée. Une fois cette variabilité ensembliste éliminée, les estimateurs obtenus à travers la simulation sont plus précis et la variable aléatoire d'entrée est mieux représentée.

1.3 Introduction à l'échantillonnage descriptif

L'échantillonnage descriptif (ED), introduit en 1980 par Saliby, est une procédure qui impose un contrôle complet sur l'ensemble des valeurs de la variable d'entrée. Cette méthode est basée sur une sélection régulière de l'ensemble des valeurs et sur leurs permutations aléatoires.

L'échantillonnage descriptif est vu comme un échantillonnage efficace en simulation puisqu'il est capable de réduire substantiellement le coût d'exécution des expériences de simulation [35].

Le but de l'échantillon descriptif est de représenter réellement la distribution de la variable aléatoire d'entrée d'où il est tiré de sorte que tous les estimateurs obtenus, à travers la simulation, puissent être implémentés sans risque dans le vrai système.

D'après Pidd [26] cette méthode génère deux types de problèmes: le biais et la connaissance a priori de la taille de l'échantillon.

1.4 Problème de biais

Le problème du biais dans l'échantillonnage descriptif est dû à la méthode utilisée pour choisir les valeurs de la variable d'entrée. Cette méthode utilise un échantillonnage régulier pour ce choix. Ainsi, si la fonction d'entrée est périodique, il y a un risque que l'ensemble des valeurs produit soit biaisé. Ces valeurs peuvent atteindre les mêmes points sur le cercle trigonométrique. Cependant, si la fonction d'entrée n'est pas périodique, il n'y a aucun risque de biais. Il y a deux manières de se prémunir de l'échantillonnage régulier: Soit augmenter la taille de l'échantillon et ainsi accroître le coût de l'expérience soit l'amélioré.

1.5 Amélioration de l'échantillonnage descriptif

Pour réduire le risque du biais, nous proposons une approche basée sur un bloc de sous-ensembles de nombres réguliers dont les tailles sont des nombres premiers. Ces derniers sont choisis aléatoirement. Ce bloc doit être situé à l'intérieur d'un générateur distribuant ces nombres réguliers à la demande de la simulation. La procédure s'arrête lorsque la simulation se termine.

Par construction, cette approche ne nécessite pas la connaissance a priori de la taille de l'échantillon.

1.6 Réduction du biais

Dans chaque histoire, la simulation fournit une réponse différente pour chacun des paramètres étudiés. Ainsi, si la fonction d'entrée est périodique avec une présence de biais pour un sous-ensemble donné, alors, il ne sera pas présent dans les autres sous-ensembles considérés dans un bloc. En outre, l'utilisation des sous-ensembles réguliers dont les tailles sont des nombres premiers, assurent que la combinaison de ces derniers n'a pas une fréquence qui s'exprime en fonction de la fréquence de la distribution d'entrée. Ceci nous garantit que l'amélioration proposée réduit le biais.

1.7 Aperçu de la thèse

Cette thèse s'articule autour d'une partie théorique (chapitre 4 et 5) et d'une partie expérimentale (chapitre 6, 7 et 8).

Le chapitre 2 couvre les notions préliminaires sur les méthodes d'échantillonn-ages, sur les nombres aléatoires et pseudo aléatoires et sur la génération d'échanti-llons suivants différentes lois de probabilités que nous utilisons dans la partie théorique. Nous donnons également quelques concepts sur la simulation à événements discrets, les réseaux de Pétri et une description du problème d'ordonnancement d'atelier que nous utilisons dans la partie expérimentale.

Dans le chapitre 3, nous présentons l'état de l'art dans le domaine de la simulation et le plan d'expérience.

Le chapitre 4 est consacré à l'étude de la surface des réponses obtenue à travers la simulation. Cette étude nous conduit au développement d'un cas extrême appelé, "pire modèle" et à deux autres cas dits "meilleur modèle". Dans le premier modèle, le biais est maximal alors que dans les deux autres, il est quasi inexistant.

Après identification des conditions aboutissants au biais, nous proposons dans le chapitre 5 une méthode d'échantillonnage qui le réduit et qui évite la connaissance a priori de la taille de l'échantillon. Des arguments mathématiques sur la nouvelle approche sont également développés dans ce chapitre.

Nous décrirons dans le chapitre 6 les différents problèmes étudiés dans la partie expérimentale, nous présentons la modélisation des systèmes ainsi que leurs résolutions.

La simulation des problèmes étudiés est donnée dans le chapitre 7. Nous présentons également l'évaluation des mesures de performance du système de production et du problème d'ordonnancement d'atelier, obtenues respectivement par la méthode des trois phases et la méthode basée sur les activités, en simulation à événements discrets. Les implémentations des deux simulateurs conçus sont aussi décrits dans ce chapitre.

Nous montrons dans le chapitre 8 l'efficacité de l'approche proposée par des résultats empiriques sur les différents problèmes.

Le chapitre 9 est consacré aux différentes conclusions et perspectives de nos travaux.

CHAPITRE 2
Notions préliminaires

2.1 Description du problème de simulation

Dans une étude de simulation, des modèles logiques sont établis et employés comme véhicule pour l'expérimentation. Ce modèle est illustré sur la figure 1 ci-dessous.

Figure 1: Présentation du modèle de simulation

Les distributions des variables d'entrée sont supposées connues alors que celles des variables de sortie ne le sont pas. Pendant la phase de simulation, les variables aléatoires d'entrée sont remplacées par des échantillons. De même, les variables de sortie sont également remplacées par des échantillons. Ainsi, des expériences sont effectuées sur le modèle établi et des paramètres inconnus des variables aléatoires de sortie sont estimés.

2.2 Génération des nombres aléatoires et les tables

A l'origine, des tirages de boules dans des urnes, de cartes ou de dés étaient utilisés pour obtenir des tables de nombres aléatoires. Ceci étant insuffisant, il a été construit des machines générant des nombres au hasards, comme par exemple, celles permettant le tirage des numéros gagnant de la loterie nationale. L'utilisation des tables sur ordinateurs nécessite un espace mémoire considérable, nous préférons alors recourir aux générateurs de nombres dit pseudo-aléatoires générant des nombres à la demande.

2.3 Génération des nombres pseudo-aléatoires

Le terme pseudo vient du fait qu'on construit par un procédé déterministe une suite de nombres aléatoires

$$x_n = f(x_{n-1}, x_{n-2}, \ldots, x_0).$$

Si le nombre x_0 est donné alors toute la suite x_n, $n \in N$ est déterminée. Néanmoins cette suite doit avoir de bonnes propriétés statistiques (l'aspect d'une suite de nombres au hasard) à savoir:

1 L'indépendance entre les nombres générés

2 La répartition uniforme sur $[0, N]$.

3 La non répétition sur $[0, N]$

4 Les nombres générés sont suffisamment dense sur l'intervalle $[0, 1]$

5 La rapidité de l'algorithme de génération.

où N est la plus grande valeur de x_n

2.3.1 Générateur congruentiel linéaire et mixte

Le générateur congruentiel est de la forme suivante:

$$x_{n+1} = a \times x_n + b \quad \mod(c), n \geqslant 0$$
$$x_0 \text{ donné}$$

Les quatre paramètres a, b, c et x_0 sont des entiers choisis de telle manière que la suite des nombres générés ait l'aspect d'une suite de nombres au hasard satisfaisant les propriétés statistiques.

Dans le cas où $b = 0$, ce générateur est dit générateur congruentiel multiplicatif ou linéaire.

Dans le cas ou $b \neq 0$, il est dit générateur congruentiel Mixte.

Remarque 2.3.1 *Pour obtenir une suite de nombres aléatoires entre 0 et 1, il suffit de prendre* $u_n = \frac{x_n}{c}, n \geqslant 0$.

2.4 Tests de générateurs des nombres pseudo-aléatoires

Pour que les suites de nombres générées possèdent un comportement aléatoire sur l'intervalle $[0, 1]$, il faut tester ce dernier selon deux critères: l'uniformité et l'indépendance.

Le premier critères permet de tester si les résultats d'une génération sont des réalisations d'une variable aléatoire uniforme sur $[0, 1]$. Le second critère permet de tester si les résultats d'une génération sont des réalisations de variables aléatoires indépendantes.

Ce critère d'indépendance est fondamental pour obtenir des résultats de simulation ayant un sens statistique, nous utilisons le test des séquence. Le test du khi deux ou le test de Komogorov Smirnov sont plus appropriés pour le premier critère.

2.5 Génération d'échantillons suivant différentes lois de probabilités

Il y a trois méthodes principales pour engendrer des variables aléatoires qui obéissent à une distribution donnée, à savoir la méthode de l'inversion, la méthode de rejet et la méthode de composition [5, 32].

2.5.1 Méthode de l'inversion

Soient $u_1, u_2, \ldots, u_n$, n réalisations indépendantes issues d'une variable aléatoire $U(0,1)$ alors

$$x_1 = F_X^{-1}(u_1), x_2 = F_X^{-1}(u_2), \ldots, x_n = F_X^{-1}(u_n)$$

sont considérées comme n réalisations indépendantes de la variable aléatoire X de fonction de répartition F_X.

Dans le cas continu, elle n'est utilisée que si la fonction densité est connue analytiquement et peut être intégrée facilement.

Comme la loi exponentielle est très utilisée en simulation, nous présentons la procédure de génération suivant cette loi de probabilité.

Soit X une variable aléatoire qui suit la loi exponentielle de paramètre λ dont la densité de fonction est définie par:

$$f_X(x) = \begin{cases} \lambda \exp(-\lambda x), x \geqslant 0 \\ 0 \quad \text{sinon} \end{cases}$$

sa fonction de répartition est donnée par

$$F_X(x) = \begin{cases} 1 - \exp(-\lambda x) \\ 0 \quad \text{sinon} \end{cases}$$

Comme $X = F_X^{-1}(U)$ alors

$$F_X(x) = u, \forall x \in [a, b].$$

Par conséquent, $u = 1 - \exp(-\lambda x)$ donc

$$x = -\frac{1}{\lambda} \ln(1 - u).$$

Remarque 2.5.1 *Si U est une variable aléatoire de loi uniforme sur $[0, 1]$ alors $1 - U$ est aussi uniforme sur $[0, 1]$.*

D'après la remarque, pour simuler une variable aléatoire exponentielle de paramètre λ, il suffit de générer des nombres aléatoires u_i, $i = 1, ..., n$, de variable aléatoire uniforme sur $[0,1]$ puis, nous déduirons les réalisations x_i, $i = 1, ..., n$ tel que

$$x_i = -\frac{1}{\lambda} \ln(u_i), i = 1, ..., n$$

2.5.2 Méthode de rejet

Cette méthode est plus adaptée pour engendrer une variable aléatoire X dont la densité de fonction $f(x)$ est a priori difficile à simuler. Par contre, on dispose d'un générateur aléatoire dont la loi a pour densité $g(y)$ de forme assez "proche" de $f(x)$. On suppose, en plus, qu'il existe un nombre $c \leq 1$ tel que

$$g(x) \geqslant c \times f(x)$$

et que le support de $f(x)$ est inclus dans celui de $g(x)$ et on considère l'algorithme suivant:

1) On tire Y suivant la loi $g(y)$ et indépendamment on tire une variable aléatoire U uniforme sur $[0, 1]$.

2) Si $U < \frac{c \times f(Y)}{g(Y)}$ on fait $X = Y$, sinon on retourne à l'étape 1.

2.5.3 Méthode de composition

Cette méthode consiste à remplacer une densité de fonction $f(x)$ d'une variable aléatoire X par un mélange probabiliste de fonctions de densités $g_n(x)$ judicieusement choisies. Autrement dit, elle exploite une relation du type:

$$f(x) = \sum g_n(x) \times p_n$$

2.6 Echantillonnage Aléatoire

Définition 2.6.1 *Un échantillon aléatoire de taille n de la variable aléatoire X est un vecteur aléatoire $(X_1, X_2, ...X_n)$ où $X_i, i = 1, ..., n$ sont des variables aléatoires indépendantes et de même loi que la variable aléatoire X.*

En utilisant l'échantillonnage aléatoire, considérons le cas d'un problème de simulation avec une variable aléatoire d'entrée et définissons les estimateurs de la simulation dans les deux cas suivants :

2.6. Echantillonnage Aléatoire

Premier cas : Une variable de sortie possédant k paramètres à estimer, θ_j, $j = 1, 2, ..., k$.

Dans ce cas, les estimateurs de la simulation obtenus sont définis par:

$$Y_j = F_j(u_1, u_2, ..., u_n), \quad j = 1, 2, ..., k$$

où Y_j est l'estimateur du paramètre inconnu θ_j, $j = 1, 2, ..., k$, F_j, $j = 1, 2, ..., k$ est la fonction de simulation, généralement définie par un programme informatique, reliant les valeurs de la variable d'entrée et chaque estimateur et $u_1, u_2, ..., u_n$ sont des nombres aléatoires indépendants uniformément distribués entre 0 et 1.

En simulation, une histoire crée un estimateur pour chaque paramètre étudié. Chaque histoire crée donc k estimateurs car nous avons k paramètres à estimer.

Deuxième cas : m variables de sortie dont chacune possède k paramètres à estimer suivants:

$$\theta_{j_1}, \theta_{j_2}, ..., \theta_{j_k} \quad j = 1, 2, ..., m$$

Dans ce cas, les estimateurs de la simulation obtenus sont définis par:

$$\begin{aligned}
Y_{1l} &= F_{1l}(u_1, u_2, ..., u_n) \\
&\vdots \\
Y_{jl} &= F_{jl}(u_1, u_2, ..., u_n) \\
&\vdots \\
Y_{ml} &= F_{ml}(u_1, u_2, ..., u_n), \quad l = 1, 2, ..., k
\end{aligned}$$

où Y_{jl}, $j = 1, 2, ..., m$ sont les estimateurs des paramètres inconnus θ_{jl}.

Notons que dans ce cas, chaque histoire crée km estimateurs.

2.6.1 La surface des réponses

Considérons le cas de l'échantillonnage aléatoire et supposons qu'il y a une seule variable observée à travers la simulation et donnons la surface des réponses dans les trois cas suivants :

2.6. Echantillonnage Aléatoire

Premier cas : Une variable d'entrée et une variable de sortie a un paramètre à estimer.

Dans ce cas, l'estimateur du paramètre inconnu

$$\int_0^1 ... \int_0^1 F(x_1, x_2, ..., x_n)\, dx_1, dx_2, ..., dx_n$$

est sans biais et il est donné par:

$$Y = F(U)$$

où $U = (u_1, u_2, ..., u_n)$ sont des nombres aléatoires indépendants uniformément distribués entre 0 et 1 et F est la fonction de simulation.

La surface représentée par $F(U)$ est appelée surface des réponses.

Deuxième cas : Une variable d'entrée et une variable de sortie à k paramètres à estimer.

Dans ce cas, la surface représentée par $F_j(U)$, $j = 1, 2, ..., k$ est appelée la $j^{ième}$ surface des réponses. On observe donc k surfaces des réponses dans une expérience de simulation.

Troisième cas : p variables d'entrée et une variable de sortie à un paramètre à estimer.

Dans ce cas, on envisage un espace de dimension p avec p suites $U_1, U_2, ..., U_p$ de nombres aléatoires indépendants uniformément distribués entre 0 et 1 et la surface des réponses sera représentée par la surface $F(U_1, U_2, ..., U_p)$.

2.6.2 Les erreurs d'échantillonnage

L'incertitude associée aux résultats de simulation naît du besoin de représenter, dans une histoire finie, toutes les informations contenues dans une variable aléatoire d'entrée.

En simulation, l'utilisation de l'échantillonnage aléatoire génère toujours des erreurs d'échantillonnage car les estimateurs obtenues sont des fonctions des valeurs de la variable d'entrée. Il est évident que la variabilité causée par les erreurs d'échantillonnage est indésirable.

En simulation stochastique, ils existent deux types d'erreurs d'échantillonnage [15], appelés, effet ensembliste et effet séquentiel. Saliby [34] a montré l'existence d'un autre type d'erreur, appelé, effet d'interaction ensemble-séquence et a obtenu des résultats empiriques sur quelques problèmes (réseau PERT, file M/M/1,...).

Définissons maintenant les différents types d'erreurs:

Erreur de type 1:

L'erreur de type 1, appelée, effet ensembliste, est lié à l'ensemble des valeurs produites par la loi uniforme dans la méthode de MC. Cet effet est caractérisé par la différence entre la distribution et la distribution théorique ou par la différence entre le graphe de la série de données (histogramme) et le graphe de la fonction de probabilité. L'effet ensembliste est contrôlé si la procédure d'échantillonnage est parfaitement maîtrisée.

Erreur de type 2

L'erreur de type 2, appelée, effet séquentiel, est induite par la suite de l'ensemble des valeurs produites par la loi uniforme dans la méthode de MC. Cet effet est caractérisé par l'ordre dans lequel les valeurs de la loi uniforme se présente. Contrairement à l'effet ensembliste, l'effet séquentiel est difficile à contrôler en simulation à l'exception de quelques cas.

Erreur de type 3

Ce type d'erreur est défini par les erreurs qui ne sont expliqués ni par l'effet ensembliste ni par l'effet séquentiel mais par leurs interactions. De la même manière que l'effet séquentiel, il est difficile à contrôler dans certain cas.

Parmi les méthodes qui réduisent les erreurs d'échantillonnage, nous citons: la méthode des histoires répliquées et la méthode de la réduction de la variance

2.7 Méthode des histoires répliquées

L'objectif de la simulation est de produire de bons estimateurs de la variable de sortie. Pour cela, plusieurs histoires indépendantes de simulation sont nécessaires; ceci constitue une façon de réduire la variance de la variable de sortie tout en réduisant le temps machine.

Supposons la file d'attente M / M / 1 et désignons par X la variable de sortie représentant le nombre de clients servis. Cette variable possède deux paramètres θ_1 et θ_2 à estimer à savoir: le nombre moyen de clients servis et la variance du nombre de clients servis.

1ere histoire crée un estimateur de $\theta_1 = Y_{11}$ et un estimateur de $\theta_2 = Y_{21}$.

2ième histoire crée un estimateur de $\theta_1 = Y_{12}$ et un estimateur de $\theta_2 = Y_{22}$.

$\vdots$

$n^{ième}$ histoire crée un estimateur de $\theta_1 = Y_{1n}$ et un estimateur de $\theta_2 = Y_{2n}$.

Donc, $\frac{1}{n}\sum_{i=1}^{n} Y_{1i}$ est un estimateur sans biais de θ_1.

et $\frac{1}{n}\sum_{i=1}^{n} Y_{2i}$ est un estimateur sans biais de θ_2.

où n est le nombre d'histoire.

2.8 La réduction de la variance

2.8.1 Méthode des suites aléatoires complémentaires

La méthode des suites aléatoires complémentaires est aussi connue sous le nom de la méthode des variables antithétiques.

Dans cette méthode, on réalise une histoire en utilisant les nombres aléatoires $u_1, u_2, \ldots, u_n$ pour obtenir un échantillon d'observations aléatoires $X_1, X_2, \ldots, X_n$ et on déduit un estimateur Y de chaque paramètre inconnu.

On réalise une autre histoire en utilisant les nombres aléatoires complémentaires

$$u_1' = 1 - u_1, \ u_2' = 1 - u_2, \ldots, u_n' = 1 - u_n$$

pour obtenir un échantillon d'observations aléatoires $X_1', X_2', \ldots, X_n'$ et on déduit un estimateur $Y\prime$ de chaque paramètre inconnu.

On utilise ces deux histoires pour calculer la moyenne échantillonnale combinée $\frac{Y+Y\prime}{2}$, qui est un estimateur sans biais et plus précis que Y.

2.8.2 Méthode des variables de contrôle

Cette méthode est utilisée pour contrôler la variance au niveau d'une seule histoire.

Supposons la file d'attente à un guichet M/M/1 possédant une variable d'entrée S et une variable de sortie Q telle que :

S : La durée de service, de moyenne théorique μ_S et de moyenne observée $\overline{S}$.

Q : La longueur de la file d'attente, de moyenne théorique μ_Q et de moyenne observée $\overline{Q}$.

On peut prendre comme résultat de simulation, l'estimateur $\overline{Q}$ de μ_Q qui peut être amélioré en considérant la variable d'entrée S.

Le principe est de construire un autre estimateur $\widehat{Q}$ sans biais de μ_Q.

Dans cet exemple, $\widehat{Q} = \overline{Q} - \lambda(\overline{S} - \mu_S)$ et la $var(\overline{S}) < \frac{2}{\lambda}cov(\overline{Q}, \overline{S})$

La variance de l'estimateur de μ_Q est réduite en sélectionnant correctement λ et la variable de contrôle S de telle manière à satisfaire cette inégalité.

2.9 Echantillonnage descriptif

Dans cette section, nous décrivons d'abord l'échantillonnage descriptif puis nous proposons une manière de choisir les différentes séquences aléatoires lors de la considération des histoires répliquées.

Une distribution de probabilité discrète, continue ou mixte, peut être simulée si sa distribution de fonction inverse existe. Cette fonction inverse est toujours définie bien que dans certains cas une approximation numérique est nécessaire comme dans le cas de la distribution normale [30].

2.9.1 La procédure d'échantillonnage

Supposons que le problème de simulation en étude contient une variable aléatoire d'entrée X. Soit H sa fonction de répartition et H^{-1} son inverse telle que:

$$X = H^{-1}(R)$$

où R suit la loi uniforme entre 0 et 1.

La procédure de génération d'échantillons descriptifs est la suivante:

1) On subdivise l'intervalle $[0,1]$ en n sous-intervalles équiprobables.

Soit$\{r_i,\ i=1,2,...,n\}$ l'ensemble de n points réguliers où r_i est le milieu du $i^{ième}$ sous intervalles tels que:
$$r_i = \frac{i-0.5}{n}, \quad i=1,2,...,n$$

2) On génère les valeurs de l'échantillon

$$xd_i = H^{-1}(r_i),\ i=1,2,...,n$$

en utilisant l'échantillonnage sans remise.

3) On permute aléatoirement l'ensemble des valeurs $\{xd_i,\ i=1,2,...,n\}$

4) On garde en mémoire les valeurs de l'échantillon afin de les utiliser à la demande de la simulation.

Dans une histoire, les estimateurs obtenus par la simulation, en utilisant l'ED sont donnés par:
$$(Y_r)_j = F_j(r_1, r_2, ..., r_n), \quad j=1,2,...,k$$

où $(Y_r)_j$ est l'estimateur du paramètre inconnu θ_j, $j=1,2,...,k$ et $r_1, r_2, ..., r_n$ sont des nombres réguliers dépendants uniformément distribués entre 0 et 1.

Etant donné que l'échantillonnage descriptif utilise des nombres réguliers, on parle alors de la surface des réponses régulière. Sa définition est identique à celle de la surface des réponses sauf qu'au lieu de considérer l'ensemble $\{u_1, u_2, ..., u_n\}$, nous utilisons l'ensemble $\{r_1, r_2..., r_n\}$.

2.9.2 Echantillon descriptif

Un échantillon descriptif de taille n est représenté par un ensemble de n variables aléatoires pris dans un ordre aléatoire
$$\{Xd_1, Xd_2, ..., Xd_n\}$$

Après permutation, ces variables sont appelées: variables descriptives. Un échantillon descriptif est un échantillon dont les observations ne sont pas des variables aléatoires entièrement indépendantes mais chacune d'elle suit la distribution de la population.

La procédure d'échantillonnage descriptif nécessite la considération d'échantillons indépendants uniformément distribués sur l'intervalle $[0,1]$. De ce fait, un générateur congruentiel est utilisé pour la permutation de l'ensemble des valeurs de la variable d'entrée.

Dans les différentes histoires de simulation, la procédure de génération d'écha-ntillons descriptifs utilise le même ensemble des valeurs de la variable d'entrée mais pris dans un ordre aléatoire différent. Contrairement à l'EA où cet ensemble varie d'une histoire à une autre.

2.9.3 Remarque

D'après Saliby [33], les variables descriptives sont négativement corrélées et le coefficient de corrélation entre deux différentes variables descriptives est:

$$\begin{aligned} \rho &= -\frac{1}{n-1} \\ &= O(\frac{1}{n}) \end{aligned}$$

2.10 Simulation à événements discrets

De nombreux systèmes possèdent une description exprimée en termes de variables évoluant de manière discontinue. On parle alors de systèmes discrets. La simulation est une technique utilisable sur un modèle "comportemental", c'est à dire une description mécanique du système.

2.10.1 Méthodologie de simulation

Nous construisons un modèle dont le comportement dynamique correspond au mieux à celui du système réel. Ce modèle est utilisé pour véhiculer l'information. Nous alimentons le modèle construit par des entrées comparables à celles du système de façon à obtenir des sorties qui correspondent aussi à celles du système. Enfin nous implémentons dans le système réel les résultats obtenus.

L'idéal serait d'implémenter dans le système réel les stratégies qui produisent les meilleurs résultats dans le modèle [27].

2.10.2 Différentes étapes de simulation

En supposant que le problème a été défini et bien structuré, la méthode de simulation se divise en trois étapes :

Modélisation: Construction du modèle qui doit représenter les interactions les plus importantes. Ce modèle doit être validé.

Programmation: Expression du modèle dans un langage informatique. Le programme doit être vérifié.

Simulation: Nous fixons les conditions de départ de la simulation (état initial). Ensuite, nous déterminons les données en entrée qui sont représentées, tout au long de la simulation, par les générateurs de nombres aléatoires ainsi que la durée de la simulation. Enfin, nous exécutons la simulation en recueillant à la fin des résultats sous formes de sommes, de moyennes etc. Cette phase peut être utilisée pour faire des ajustements au niveau du modèle et du programme en cas de nécessité.

2.10.3 Définitions

Entité: Ce sont des éléments du système qui peuvent être identifiable individuellement. Elles peuvent être actives ou passives, permanentes ou temporaires. On utilise des entités discrètes en simulation à événements discrets.

Classe: Un groupe de même type d'entité (ex : bateaux).

Attribut: Ce sont des variables de caractéristiques identificateurs associées à des entités spécifiques. Elles sont utilisées pour avoir plus d'information (ex : Capacité du bateaux).

Activité: C'est un processus qui provoque un changement d'état dans un système. Ce changement d'état est généralement, appelé, un événement.

Les activités utilisées dans la simulation à événements discrets possèdent des durées stochastiques.

Activité B (Bound): Ce sont des activités qui sont exécutées à l'instant où elles sont prévues.

Activités C (Conditional): Ce sont des activités qui se produisent lorsque certaines conditions sont réunies.

2.10.4 Mécanisme de simulation

Notre but est de simuler l'évolution du système dans le temps. Il est essentiel dans tout programme de simulation d'avoir un mécanisme représentant le temps. Ce mécanisme est appelé une horloge.

2.10.5 Méthodes de simulation

Il existe quatre méthodes utilisées dans la simulation à événements discrets [27]. Chaque méthode est caractérisée par une approche différente pour faire progresser le système simulé dans le temps.

1. Méthode basée sur les activités (Approche Activité).
2. Méthode basée sur les événements (Approche Evénement).
3. Méthode basée sur les événements et les activités (Approche des trois phases).
4. Méthode par interactions de processus.

2.10.6 Construction du modèle:

On commence par tracer le diagramme du cycle d'activités dans lequel les deux symboles suivants sont utilisés:

Etat actif (un état dont la durée est déterminée à son commencement).

Etat mort (un état dont la durée ne peut être directement déterminée, c'est un état dans lequel en général, les entités attendent que quelque chose se produisent).

On peut considérer les systèmes de files d'attentes comme une alternative des états actifs et morts.

2.10.7 Méthode des 3 phases:

Cette méthode est présentée par Tocher [44] et est décrite en trois phases:

Phase A : Déterminer l'instant d'occurrence de l'événement suivant et avancer le temps simulé à ce point.

Phase B : Exécuter toutes les activités B qui doivent se produire à l'instant d'occurrence.

Phase C : Exécuter toutes les activités C dont les conditions sont satisfaites à l'instant d'occurrence.

Dans cette méthode, le temps simulé est contrôlé par la technique du prochain événement, appelée, méthode à pas variable. Le temps avance lorsqu'un événement se produit et provoque un changement d'état du système.

2.10.8 Approche Activité :

Lorsqu'on utilise cette approche, l'horloge est avancée par intervalle de temps discret. Le système est examiné à chacune des unités de temps de l'horloge pour la recherche d'activités à exécuter. En d'autres termes, à chaque unité de temps, on vérifie si toutes les conditions requises pour qu'une activité soit exécutée sont satisfaites. Si elles le sont, on exécute l'action correspondante. Sinon, on incrémente l'horloge d'une unité et on recommence. Cette dernière est une simulation à deux phases : Balayage du temps et des activités C. Seul les activités C sont considérées dans cette méthode. Donc, toutes les activités ont un test.

2.11 Réseaux de Pétri

2.11.1 Introduction

Historiquement, le concept de réseau de Pétri a été développé par Carl Adam Pétri à Darmstadt en Allemagne. Il a été ensuite largement développé par de nombreux auteurs du domaine [7].

Un réseau de Pétri est un outil puissant de description et de modélisation graphique et mathématique de systèmes dynamiques [8] comme dans les ateliers flexibles utilisés dans les systèmes de production.

L'outil graphique permet de visualiser les activités dynamiques de ces systèmes. Cette visualisation est réalisée à l'aide de jetons (marques) introduits dans le réseau.

A partir du réseau graphique, nous pouvons extraire une équation d'état, une équation algébrique ou tout autre modèle mathématique décrivant le comportement du système.

Les définitions relatives aux réseaux de Pétri portent sur deux aspects [45]: Aspect structurel et aspect comportemental.

2.11.2 Aspect structurel

Un réseau de Pétri est défini par le triplet $R = \langle P, T, W \rangle$ où:

- P est l'ensemble fini des places $\{p_1, .p_2, ..., p_m\}$ qui représente les différents états du système.

- T est l'ensemble fini des transitions $\{t_1, t_2, ..., t_n\}$ qui corresponde à l'ensemble des actions. Elles représentent les événements dont l'occurrence provoque la modification du système.

- W la fonction d'évaluation qui est une fonction de $(P \times T) \cup (T \times P)$ dans $\mathbb{N}$.

Si $W(p, t) = k$, on dit que la transition t utilise k ressources dans la place p.

Si $W(t, p) = k$, on dit que la transition t crée k ressources dans la place p.

Si $W(p, t) > 1$, il y a un arc de p vers t de valeur $W(p, t)$.

Si $W(p, t) = 1$, l'évaluation est omise.

Si $W(p, t) = 0$, il y a absence d'arc.

On peut représenter un réseau de Pétri par un graphe biparti où les places sont représentées par des cercles, les transitions par des rectangles, la fonction d'évaluation par des arcs évalués et les marques par des points ou nombres à l'intérieur des places.

M est une fonction de marquage de l'ensemble P dans $\mathbb{N}$. Le marquage d'une place est le nombre de ressources présent dans la place. Si $M(p) = k$, on dit que la place p contient k marques.

On peut également représenter la fonction d'évaluation W par des matrices notées $Pré$, $Post$ et C.

a) On appelle matrice de Pré condition, notée $Pré$, la matrice $n \times p$ à coefficients dans $\mathbb{N}$ définie par :

$$Pré(i,j) = W(p_i, t_j)$$

$Pré(i,j)$ est le nombre de marques que doit contenir la place p_i pour que la transition t_j soit franchissable.

b) On appelle matrice de Post condition, notée $Post$, la matrice $n \times p$ à coefficients dans $\mathbb{N}$ définie par :

$$Post(i,j) = W(p_i, t_j)$$

$Post(i,j)$ est le nombre de marques déposées dans la place p_i lors du franchissement de la transition t_j.

c) On appelle matrice d'Incidence du réseau R, notée C la matrice définie par:

$$C = Post - Pré$$

$Post(i,j) - Pré(i,j)$ donne la modification pour la place p_i résultant du franchissement t_j.

2.11.3 Aspect comportemental

La règle de franchissement des réseaux de Pétri marqués leur donne une dynamique en précisant comment les transitions permettent de modifier les nombres de marques contenues dans les places [4].

Définition 2.11.1 *Soit* $Rm = (P, T, W, M_0)$ *un réseau de Pétri marqué et t une transition. On dit que la transition t est franchissable si, et seulement si*

$$\forall p \in P, \quad M(p) \geqslant Pré(p,t) = W(p,t).$$

Remarque 2.11.1 *La définition précédente traduit le fait qu'une transition est possible à partir d'un état du système dès lors qu'il y a suffisamment de ressources dans toutes les places concernées par cette transition et que dans certaines places, la transition utilise ou crée des ressources.*

2.12 Les réseaux de Pétri stochastiques

2.12.1 Introduction

Les réseaux de Pétri stochastiques (RdPS) ont été définis par Florin en 1978 pour répondre à des problèmes informatiques liés à la sécurité de fonctionnement. Ces problèmes font intervenir des phénomènes aléatoires. Les transitions du réseau de Pétri stochastique comportent des temps de franchissement aléatoires distribués par une loi exponentielle. Ce concept a largement été développé aux début des années 1980 [4, 7, 45] pour répondre aux exigences de la modélisation de plus en plus complexes comme, par exemple, celle des systèmes de production.

Définition 2.12.1 *Un réseau de Pétri stochastique est un 5-uplets*

$$RdPS = (P, T, E, \mu, M_0)$$

où

P: *ensemble des places* $P = \{p_1, p_2, ..., p_n\}$
T: *ensemble des transitions* $T = \{t_1, t_2, \ldots, t_p\}$ *où a chaque transition* t_i *est associée un taux de franchissement* μ_i.
E : *ensemble des arcs*
μ : *ensemble des taux de franchissement* $\mu = \{\mu_1, ..., \mu_p\}$.

M_0 : vecteur marquage initial défini par

$$M_0 = \begin{pmatrix} M_0(p_1) \\ M_0(p_2) \\ \vdots \\ M_0(p_n) \end{pmatrix}$$

avec $M_0(p_i)$ marquage initial de la place P_i.

2.12.2 Franchissement d'une transition

Le franchissement d'une transition d'un RdPS s'effectue lorsque toutes les places en amont de cette transition contiennent au moins une marque. Dans ce cas, la transition est valide et peut être franchie. Les marques sont alors enlevées des places en amont et sont déposés dans les places en aval de la transition.

2.12.3 Temps de franchissement

Un temps est associé à chaque transition. Ce temps indique la durée pendant laquelle la marque doit attendre avant de franchir la transition. Il s'agit de la durée entre le moment où la transition est valide et le moment où la transition est franchie.

Ce temps est une variable aléatoire qui suit une distribution exponentielle. Le paramètre de la densité de fonction associé à la transition T_i est le taux de franchissement noté μ_i. C'est à dire que la transition temporisée est franchie avec un temps aléatoire de moyenne d_i avec $d_i = 1/\mu_i$.

La fonction de répartition $F_i(t)$ de la variable aléatoire durée de franchissement est donnée par:

$$F_i(t) = 1 - exp^{-(\mu_i(M).t)}$$

où $\mu_i(M)$ est le taux de franchissement associé à la transition t_i pour le marquage M.

La densité de probabilité $f_i(t)$ est donnée par la relation

$$f_i(t) = \mu_i exp^{-(\mu_i(M).t)}$$

2.12.4 Les probabilités d'états

Pour calculer les divers indices de performance du réseau de Pétri stochastique, il est nécessaire de calculer les probabilités d'état en régime permanent, c'est à dire, les probabilités de se situer dans un marquage bien précis. Pour effectuer ce calcul, le RdPS doit être borné. Ainsi le graphe des marquages possède un espace d'état fini. A chaque graphe des marquages est associé une matrice appelée générateur du processus Markovien. Cette matrice, notée A, est une matrice carrée de dimension $r \times r$ où r est le nombre fini de marquages du RdPS et elle regroupe l'ensemble des taux de transition d'un marquage vers un autre.

2.13 Problèmes d'ordonnancement d'ateliers

Dans les problèmes d'ordonnancement d'atelier, les ressources sont des machines ne pouvant réaliser qu'une tâche à la fois. Lorsque plusieurs produits identiques sont regroupés, chaque travail concerne une entité physique indivisible, appelée, "produit" ou "lot", . Une entité ne pouvant se trouver simultanément en deux lieux distincts, un même travail ne peut être exécuté qu'à raison d'une tâche à la fois, sur une seule des machines [21].

Les problèmes d'ateliers multimachines où les travaux comportent plusieurs tâches, chacune nécessitant une machine particulière disponible en exemplaire unique. Ce cas recouvre lui-même trois types de problèmes selon que l'ordre des tâches composant un même travail est fixé et est commun à tous les travaux. Ce problème est appelé: atelier à cheminement unique ou Flow shop. Dans le cas où l'ordre des tâches est spécifique à chaque travail, ce problème est appelé: atelier à cheminement multiples ou job shop. Enfin, si cet ordre est indéterminé, ce problème est appelé: atelier à cheminement libres ou open shop.

Dans le cas de l'atelier à cheminement unique ou flow shop, tout travail visite chaque machine de l'atelier et l'ordre de passage d'un travail sur les différentes machines est le même pour tous les travaux (flot unidirectionnel). Cet ordre unique est une donnée du problème. Cette particularité se rencontre très souvent en pratique, elle correspond, par exemple, à une chaîne de traitement ou de montage [10].

Dans la partie expérimentale nous considérons le cas du flowshop de permutation. Il correspond à un cas particulier important du flow shop, où la séquence (ou permutation) des travaux visitant une machine est la même pour toutes les machines.

Il existe un autre cas, c'est le flowshop hybride. Il correspond à une génération des problèmes de flow shop et de machines en parallèle. Dans ce problème, l'atelier est constitué d'un certain nombre d'étages en série, chaque étage étant composé de plusieurs machines en parallèle.

CHAPITRE 3
Etat de l'Art

3.1 Introduction

De nos jours la simulation a atteint une maturité impressionnante et elle est devenue un des outils le plus performant disponible pour les responsables de la conception et la manipulation des systèmes.

Plusieurs auteurs affirment que la méthode de Monte Carlo trouve ses origines et son nom dans le travail de Von Newman et Ulan à la fin des années 1940. La simulation a hérité plus tard du nom de la méthode de Monte Carlo et le terme de l'échantillonnage de Monte Carlo est devenu synonyme de l'échantillonnage aléatoire (EA). Cette procédure est utilisée pour simuler des systèmes à situations stochastiques ou probabilistes. Elle peut être également utilisée pour résoudre certains problèmes déterministes dont la résolution analytique s'avère impossible.

En premier lieu, nous présenterons l'utilisation de l'échantillonnage aléatoire et ses conséquences en simulation. Nous exposerons une mise à jour des différents travaux sur l'échantillonnage descriptif, ses avantages et ses limites. Nous donnerons aussi dans cet état de l'art d'autres méthodes d'échantillonnage utilisées dans la littérature. Nous décrirons les différents types du plan d'expérience aléatoire ainsi que la relation entre la simulation et le plan d'expérience. Des opinions de différents auteurs dans ce domaine seront également présentées.

3.2 Echantillonnage aléatoire

Actuellement, l'échantillonnage aléatoire est la méthode la plus utilisée dans la simulation de Monte Carlo [11]. Dans cette procédure, les valeurs de l'échantillon sont générées en utilisant les générateurs de nombre aléatoires et la fonction de répartition inverse ou des méthodes équivalentes.

En simulation, on construit des modèles logiques qui sont utilisés pour véhiculer l'information dans un but expérimental. On génère un échantillon aléatoire de chaque variable aléatoire suivant une certaine distribution de probabilité. Des expériences sont effectuées sur le modèle construit et les paramètres inconnus des variables aléatoires de sortie sont estimés. Ces estimateurs varient entre les différentes histoires alors que le modèle reste inchangé. Donc, la variabilité des estimateurs de la simulation dépend de la procédure de l'EA [33].

Dans l'étude de la variabilité, Ehrenfeld et Ben Tuvia [9] et Saliby [34] montrent qu'elle est expliquée en majorité par les modèles à réponse linéaire. Si les paramètres en entrées sont identifiés comme des variables de contrôle (technique de la réduction de variance) alors le modèle à réponse linéaire devient un modèle de régression. Ce modèle de régression explique l'effet ensembliste par le résultat des déviations entre les moments de l'échantillon d'entrée et leurs valeurs théoriques correspondantes [34]. L'idée du modèle à réponse linéaire est venue grâce au besoin d'investigation de la relation entre les sorties de la simulation et les entrées échantillonnées.

Certains auteurs [5, 31, 39, 33] ont suggéré deux méthodes alternatives pour réduire les erreurs d'échantillonnage. Il s'agit des techniques de la réduction de variance [16, 42] et de la méthode des histoires répliquées. Saliby [33] a rajouté que la réduction de la variance sans la connaissance a priori de sa cause conduit à une approche insatisfaisante.

Les techniques de la réduction de la variance les plus utilisées dans la littérature sont: la méthode des variables aléatoires communes et la méthode des variables antithétiques.

La méthode des variables antithétiques a été proposée par Hammersley and Mauldon [12]. L'idée est d'avoir deux estimateurs d'un paramètre inconnu, négativement corrélées.

3.2. Echantillonnage aléatoire

Dans le cas d'indépendance des deux estimateurs, la variance de l'estimateur globale sera alors plus petite.

Tocher [44] a montré comment obtenir des résultats négativement corrélés en utilisant les suites aléatoires complémentaires. Ainsi, la méthode des variables antithétiques a été associée à la méthode des suites aléatoires complémentaires.

Page a montré que la méthode des variables antithétiques est efficace sur le modèle de file d'attente M/M/1 comparée aux autres techniques de réduction de la variance.

Shannon [39] partage le même avis sur les avantages de la méthode car il est relativement facile de trouver des estimateurs sans biais négativement corrélés.

Saliby [34] affirme que cette procédure est inefficace pour contrôler l'effet ensembliste car l'hypothèse des résultats antithétiques ainsi relaté n'est pas toujours vérifiée.

La méthode des variables aléatoires communes, appelée aussi méthode d'écha-ntillonnage corrélé, est une technique de la réduction de variance applicable à la comparaison de deux ou plusieurs alternatives qui peuvent être des stratégies. Le principe de la méthode est d'utiliser la différence entre les réponses des deux alternatives pour estimer la différence entre les valeurs de leurs espérances respectives. L'objectif est d'obtenir une bonne et positive corrélation entre les deux réponses.

Ignall et Kleijnen [14, 17] ont le même avis sur cette technique et montrent sa puissance sur des exemples.

La méthode de l'échantillonnage corrélé a été développé par Saliby [33] qui confirme, en utilisant cette technique, l'existence d'une bonne corrélation entre les réponses sur des résultats empiriques. De plus, il a prouvé que la bonne corrélation positive observée entre les deux réponses est attribuée aux différentes sources d'erreurs citées dans le chapitre précédent. Il rajouta que c'est la seule technique qui peut contrôler une partie de l'effet séquentiel.

Shannon [39] confirme que l'échantillonnage corrélé offre de bons résultats par rapport aux autres méthodes de la réduction de la variance.

Saliby [33] a également montré que la méthode des variables antithétiques est moins efficace que celle des variables aléatoires communes et qu'elle ne contrôle que partiellement l'effet ensembliste.

Une autre technique de la réduction de la variance largement utilisée dans la littérature est la méthode des variables de contrôle. Elle est définie par des variables utilisées pour contrôler les erreurs d'échantillonnage appelées: variables de contrôle. En effet, si la moyenne est utilisée pour contrôler les erreurs d'échantillonnage alors la moyenne est une variable de contrôle.

Dans cette méthode, on exploite la corrélation qui peut exister entre la variable en entrée et la variable de sortie dans le but d'avoir des résultats plus précis. Il est nécessaire de mentionner que les variables de contrôle sont équivalentes au modèle à réponse linéaire dans le sens où l'utilisation de ces variables produit une meilleure interprétation du coefficient de régression.

Barnett [3] a montré que la méthode des variables antithétiques et celle des variables de contrôle sont efficaces sur un exemple de la loi exponentielle négative de moyenne 1. Dans la méthode des variables antithétiques, il a obtenu des résultats négativement corrélés avec un coefficient de correlation de $1 - \pi^2/6 = -0.645$ en utilisant les suites aléatoires complémentaires de la même loi exponentielle.

L'utilisation des histoires répliquées a été critiquée par certains auteurs, notamment Shannon [39] qui affirme que l'erreur de la moyenne des résultats est inversement proportionnelle à la racine carrée du nombre d'histoires.

Finalement, d'après Saliby [33], il n'est pas nécessaire d'avoir beaucoup d'erre-urs d'échantillonnage en simulation, si plus tard, on utilise des techniques pour supprimer une partie de ces erreurs. La méthode d'échantillonnage aléatoire s'avère alors inefficace car son utilisation génère des erreurs d'échantillonnage.

3.3 Autres méthodes

En 1963, Brenner a proposé l'échantillonnage sélectif qui est une procédure plus restrictive que l'échantillonnage aléatoire. Elle consiste en un échantillonnage sans remise.

Kleijnen [18] a montré que l'utilisation de cette méthode produit des résultas biaisés. Cette méthode a été ensuite abandonnée.

Plus tard, en essayant d'améliorer sur la méthode de Monte Carlo, Saliby [33, 35] a proposé une approche alternative, appelée, méthode d'échantillonnage descriptif. Cette dernière est basée sur un choix entièrement déterministe des valeurs de l'échantillon en entrée et de leurs permutations aléatoires. Les valeurs de l'échantillon descriptif ne varient pas mais seulement les suites des valeurs des variables en entrée qui varient entre les différentes histoires de simulation.

La méthode d'ED a été vérifiée par Saliby [35] sur plusieurs comparaisons empiriques, dans un réseau PERT, une file d'attente M/M/1 et un système de gestion de stock en montrant que les estimateurs des paramètres des variables aléatoires de sortie, obtenus à travers la simulation, sont de variances inférieurs que ceux obtenus par la méthode de Monte Carlo. Il a aussi étudié le " Newsboy problem" et a réalisé des résultats exactes, c'est à dire que, les estimateurs obtenus en utilisant l'ED sont exactement les valeurs théoriques. Ceci est un cas particulier où les estimateurs sont indépendants de la suite des valeurs en entrée.

Cette méthode génère deux types de problèmes: le biais et la connaissance a priori de la taille de l'échantillon.

Pidd [26] a vivement critiqué l'ED en affirmant que son implémentation nécessite un stockage de toutes les valeurs générées. Il a également mis l'accent sur le problème de la taille de l'échantillon qui doit être connu au préalable et sur l'existence du biais des estimateurs. Saliby [35] l'a contredit car si la taille de l'échantillon est connue à l'avance, l'utilisation de l'ED élimine complètement l'effet ensembliste. Donc, les estimateurs produits à travers la simulation sont plus précis. Dans ce cas, l'ED offre l'avantage de la précision des estimateurs obtenus à travers la simulation et le non recours aux méthodes de réduction de la variance.

Saliby [35] a montré comment déterminer la taille de l'échantillon dans les méthodes d'EA et d'ED. L'hypothèse sur la taille de l'échantillon rend l'utilisation de l'ED diffi-

3.3. Autres méthodes

cile puisque il n'est pas facile de la déterminer à l'avance pour des problèmes réels en simulation. Dans ce cas, il a proposé une approche pour y remédier [35].

Bien qu'aucune preuve mathématique sur l'étude du biais des estimateurs n'a été proposé, Saliby [35] a souligné qu'il est insignifiant. Il a rajouté que même si ce biais existe, il ne dépasse pas le coefficient de corrélation entre deux variables descriptives et il sera donc, de grandeur minimale. Ce problème ne se pose pas dans le cas de l'échantillonnage aléatoire car son utilisation produit des estimateurs sans biais.

Certains auteurs pensent que la possibilité de produire des estimateurs biaisés à travers la simulation vient du fait que les variables descriptives sont dépendantes (négativement corrélées), ce qui constitue la différence principale entre ces deux méthodes d'échantillonnage (descriptif et aléatoire). Dans cette même référence, l'auteur a affirmé que cette dépendance ne fait pas augmenter le risque des estimateurs biaisés.

En plus des problèmes relatés, il existe aussi d'autres problèmes qui sont liés à son implémentation informatique.

L'ED et l'échantillonnage par l'hypercube latin (EHL) sont basées sur une permutation aléatoire des nombres en entrée de la simulation mais sur des choix différents de leurs valeurs [37]. Dans cette référence, l'auteur affirme que l'ED génère une variance plus petite que celle de l'EHL sans faire référence au biais produit. Par ailleurs, nous savons par construction, que la méthode de l'échantillonnage par l'hypercube latin est sans biais. Contrairement aux affirmations de Saliby, l'ED n'est pas forcément meilleure que l'EHL et EA du point de vue de l'erreur quadratique moyenne (EQM). Saliby [37] donne aussi une comparaison entre les estimateurs de l'EHL et ceux de Monte Carlo. Plusieurs travaux ont été consacrés à l'échantillonnage par l'hypercube latin [20, 23, 25, 41].

Dans les méthodes de quasi Monte Carlo (QMC), on utilise des suites déterministes de faible convergence pour réduire la variance dans les méthodes de MC. Une comparaison entre la simulation de MC et de QMC a été menée et a abouti à une méthode combinée, qui est à son tour, une permutation aléatoire des méthodes de QMC. La littérature existante dans ce domaine abonde de résultats théoriques sur QMC, par exemple [13, 22, 24, 43].

Actuellement, l'ED manque de support théorique adéquat et cela malgré les résultats disponibles, son application est donc limitée. Par contre, les méthodes d'EHL et de QMC ont connus des développements accrus. Nos efforts doivent par conséquent, être orientés vers l'enrichissement de la méthode de l'ED. Afin de la comparer à d'autres méthodes, nous devons prouver qu'elle produit des estimateurs sans biais ou, au moins, elle le réduit de manière significative.

3.4 Relation entre le plan d'expérience et la simulation

Le plan d'expérience couvre les problèmes et les techniques de réaliser des expériences réelles alors que les expériences de simulation sont celles qui utilisent un modèle mathématique.

Dans le plan d'expérience [2], l'échantillonnage est une procédure qui permet d'obtenir des informations, non encore connues, sur l'échantillon de la population. Cependant, dans un problème de simulation, les distributions des variables d'entrée sont connues au préalable, par conséquent, l'échantillonnage est une procédure pour d'écrire les distributions d'entrée. Le but de l'échantillonnage en simulation est différent de celui du plan d'expérience mais l'énoncé de leurs problèmes est similaire. Dans les deux méthodes, le modèle utilisé pour analyser et interpréter les variables d'entrée est donné par:

$$Y = F(X_1, X_2, ..., X_n)$$

où $X_1, X_2, ..., X_n$ sont considérés comme des données dans une expérience aléatoire ou comme des nombres aléatoires uniformément distribuées entre $[0, 1]$ dans la simulation lorsque l'échantillonnage aléatoire est utilisé et F est la relation entre les variables d'entrées et les variables de sorties.

D'après Satterthwaite [38], un plan d'expérience aléatoire pure est le plus approprié quand le modèle est inconnu et que les termes "équilibre" et "non équilibre" n'ont pas de sens sans la connaissance du modèle. Un plan d'expérience est dit donc équilibré ou non équilibré par rapport à un modèle connu. Quand le modèle est inconnu et complexe, un plan d'expérience aléatoire sur un espace multidimentionnel a tendance à avoir un meilleur équilibre par rapport au vrai modèle qu'un plan d'expérience équilibré par rapport à un modèle particulier, linéaire. Les plans d'expériences aléatoires équilibrés sont une alternative aux plans d'expériences hautement fractionnés qui sont un moyen pour réduire le nombre d'expériences requis à un nombre raisonnable. Cependant, le plan d'expérience factoriel fractionné est une partie adéquate du plan d'expérience factoriel.

Selon Satterthwaite [38], une façon de réaliser une expérience fractionné consiste à décider sur l'ensemble des valeurs, pour chaque facteurs étudié, appelée "niveau" dans la terminologie du plan d'expérience et à faire une ou plusieurs expériences sur le processus avec chaque combinaison possible du niveau des facteurs. Le "niveau" correspond à la variable d'entrée en simulation.

3.5 Plan d'expérience aléatoire équilibré

Depuis 1956, le plan d'expérience aléatoire équilibré a été utilisé dans des méthodes statistiques pour des applications industrielles. Les plans d'expériences aléatoires sont surtout utilisés pour des investigations complexes (plus de 10 variables en entrée). Le plan d'expérience aléatoire équilibré a été proposé par Satterthwaite [38]. Selon cet auteur, les différents types du plan d'expérience aléatoire sont définis de la manière suivante:

1) Un plan d'expérience aléatoire est un procédé d'échantillonnage aléatoire pour choisir les éléments de la matrice du plan. Cette dernière est une matrice dont les éléments sont les valeurs de la variable en entrée.

En particulier, supposons le choix des valeurs d'une variable X par un procédé d'échantillonnage approprié. Ce plan, est appelé, plan d'expérience aléatoire par rapport à la variable X.

2) La variable X a un équilibre aléatoire par rapport aux autres variables si le procédé d'échantillonnage aléatoire utilisé pour choisir les valeurs de X est identique à toutes les autres variables. Dans le cas contraire, elle est dite non équilibrée.

3) Dans un plan d'expérience aléatoire équilibré pur, chaque variable d'entrée a un équilibre par rapport aux autres variables. Par contre, dans un plan d'expérience aléatoire

non équilibré pur, on définit d'abord le domaine de toutes les combinaisons des variables d'entrée puis on choisit un échantillon aléatoire approprié.

3.6 Discussion

Dés la parution des travaux de Satterthwaite [38], en soutenant qu'il n'a pas encore rencontré une situation où l'expérience a donnée de mauvais résultats, une discussion est naît autour de cette technique.

Budne [6] était en accord avec Satterthwaite et étudia un exemple pour montrer l'efficacité de l'expérience aléatoire équilibrée. Cette technique est fréquemment comparée aux plans d'expériences classiques. De son point de vue, son avantage est le cas où la comparaison ne peut se faire facilement. Il a affirmé aussi que le but de l'expérimentation aléatoire équilibrée est de déterminer les facteurs importants qui permettent de trouver le sous ensemble qui affecte les variables de sorties.

Youden [46] a souligné que l'expérience aléatoire équilibrée est une technique intéressante mais qu'elle n'est pas utile dans l'expérimentation. Il a remarqué qu'elle ne réussit pas à détecter dans la majorité des cas, les facteurs considérés comme importants.

Kempthorne [46] interpréta le plan d'expérience aléatoire équilibré par l'estimation de l'importance de chaque facteur. Il trouva aussi que l'exemple étudié par Budne est irréel. Il est convaincu que le plan d'expérience factoriel est plus approprié.

Tukey [46] a relaté dans ces travaux que l'expérience aléatoire équilibrée est plus adaptée aux situations nécessitant des résultats immédiats et où la précision n'est pas importante.

Box [46] a critiqué la méthode utilisée par Satterthwaite en montrant l'ineffic-acité de l'expérience aléatoire équilibrée par une méthode différente.

Kleijnen [17] prouva que l'utilisation du plan d'expérience aléatoire équilibré produit des résultats imprécis et cette méthode a été abandonnée.

CHAPITRE 4 Etude de la surface des réponses

Considérons une variable aléatoire de sortie ayant un paramètre θ à estimer. Dans un problème de simulation, le biais d'un estimateur Y_r est donné par la différence entre les résultats obtenus en utilisant une procédure d'échantillonnage contrôlée et ceux calculés à partir de la situation réelle, ce qui est évidemment impossible. En d'autres termes, le biais d'un estimateur est la distance entre son espérance et le vrai paramètre, i. e,

$$Biais(Y_r) = E(Y_r) - \theta$$

4.1 Modélisation de la surface des réponses

On rappelle que le problème du biais dans l'ED est du à l'utilisation d'un échantillonnage régulier pour choisir les valeurs en entrée. Par conséquent, si la surface des réponses observée à travers la simulation a la même régularité que les nombres réguliers de l'échantillonnage alors le biais peut atteindre sa valeur maximale.

Par ailleurs, la surface des réponses est complexe et peut avoir deux composantes. Soient X et Z les axes représentant respectivement les positions horizontale et verticale. La surface des réponses régulière la plus appropriée pour déduire un grand biais est décrite comme suit:

4.1. Modélisation de la surface des réponses

- la première composante est une ligne droite définie par l'équation $Z = 0$,
- la deuxième composante est une onde de période régulière et d'une grande amplitude située sur la 1ère composante.

Dans ce cas, $\theta = 0$ et,

$$Bias(Y_r) = E(Y_r) \qquad (4.1.1)$$

D'après la surface des réponses décrite précédemment, le biais dépend aussi de l'amplitude de l'onde. Par conséquent, une grande amplitude implique un grand biais. Pour décrire le pire modèle, une condition sur la position du premier nombre régulier s'impose d'elle même.

A présent, nous allons définir les modèles proposés qui sont reliés aux comportement des composantes de la surface des réponses.

Soit a la longueur d'onde et d la distance entre deux nombres réguliers consécutifs. On appelle fréquence théorique f_w la fréquence de l'onde et fréquence f_s les n nombres réguliers r_i $i = 1, 2, ..., n$.

Définition 4.1.1 *On appelle le "Pire modèle" le cas où la surface des réponses régulière possède une fréquence théorique égale ou est multiple de la fréquence echantillonnale, autrement dit,*

$$f_w = k\, f_s \quad \forall\ k = 1, 2, 3, ...$$

ou encore,

$$d = k\, a \quad \forall\ k = 1, 2, 3, ...$$

et le premier nombre régulier généré doit se situer, soit au sommet, soit au creux de l'onde.

Ce modèle est illustré pour $k = 1$ dans la figure ci-dessous.

4.1. Modélisation de la surface des réponses

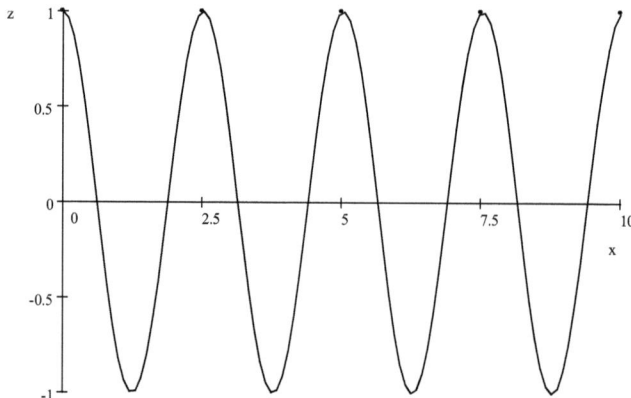

Figure 2: Le "pire Modèle" pour k=1 où le 1er nombre régulier est situé au sommet de l'onde

Définition 4.1.2 *On appelle le "meilleur cas 1", le cas où la surface des réponses régulière ne possède pas une régularité semblable à celle des nombres réguliers, autrement dit,*

$$d = \frac{(2k+1)a}{2} \text{ où } k = 0, 1, 2, ...$$

Ce cas est illustré dans la figure 3 pour $k = 0$.

4.1. Modélisation de la surface des réponses

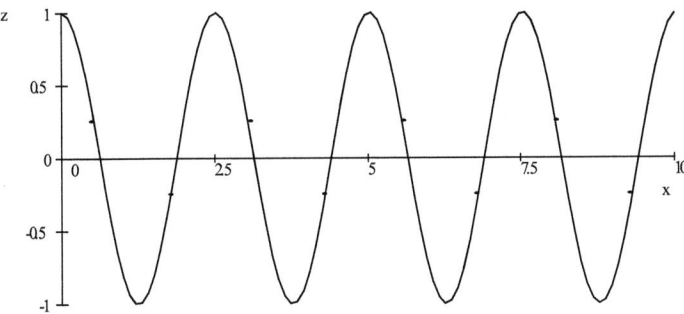

Figure 3: Le "Meilleur modèle 1" pour k=0

Définition 4.1.3 *On appelle le "meilleur cas 2", le cas où la surface des réponses régulière possède une régularité identique à celle des nombres réguliers comme dans le pire modèle à l'exception du premier nombre régulier généré qui doit être situé sur l'axe horizontal.*

Ce cas est illustré dans la figure 4 pour $k = 1$.

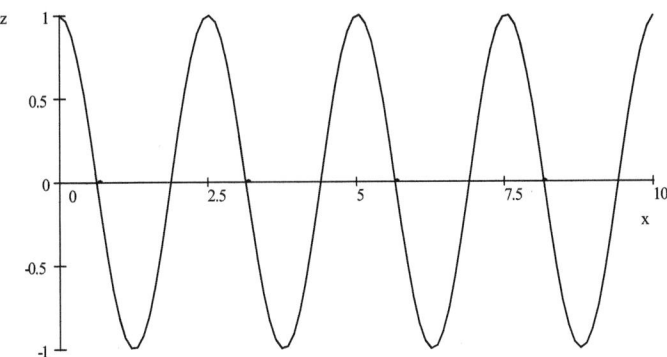

Figure 4: Le "Meilleur modèle 2" pour $k = 1$

4.2 Evaluation du biais pour l'échantillonnage descriptif

Dans cette section, nous évaluons le biais de l'estimateur dans le "Pire modèle" en utilisant l'ED et nous montrons qu'il est de même grandeur que l'amplitude de l'onde. Nous prouverons également l'absence du biais dans les "Meilleurs modèle 1 et 2".

Théorème 4.2.1 *Soit A l'amplitude de l'onde. Dans le "Pire modèle", nous avons:*

$$Bias(Y_r) = A$$

Démonstration. Supposons les hypothèses suivantes:
H1) le premier nombre régulier est situé sur le sommet de l'onde,
H2) la fréquence théorique est distante de la fréquence d'un nombre réel c, $c \geqslant 0$ et que la longueur d'onde a croit ou décroît de c en allant de a à $a+c$ ou de a à $a-c$. Alors le mouvement de la fréquence théorique f_w à la fréquence échantillonnale f_s donne: $d = a+c$ ou $d = a - c$. On évalue le biais quand f_w se déplace vers f_s.

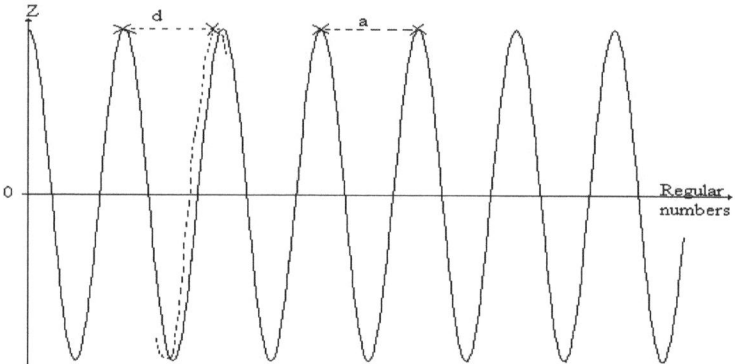

Figure 5: Le mouvement de la surface de rèponse de son point d'équilibre

Supposons que la surface des réponses est sous la forme suivante:

$$G(x) = A\cos(\omega x + L)$$

4.2. Evaluation du biais pour l'échantillonnage descriptif

où ω est la fréquence circulaire et L la phase.

Pour simplifier les calculs, on considère une fonction d'onde simple où $A = 1$ et $L = 0$. Cette fonction devient alors:

$$G(x) = \cos(\omega x)$$

Considérons le résultat suivant obtenu des séries de Fourier dans [40]:

$$\frac{1}{2} + \sum_{k=1}^{n} \cos(kx) = \frac{\sin\left(n + \frac{1}{2}\right)x}{2\sin\frac{x}{2}}$$

La fonction d'onde la plus appropriée pour évaluer le biais est l'expression de Dirichlet Kernel $D_N(x)$ qu'on trouvera dans l'analyse de Fourier ([19])

$$D_n(x) = 1 + 2\sum_{k=1}^{n} \cos(kx) \qquad (4.2.1)$$

Pour $x = 0$,

$$D_n(0) = 2n + 1$$

de (4.1.1), le biais peut s'écrire alors

$$Bias(Y_r) = E\left(G(x)\right) = \frac{1}{n}\sum_{k=1}^{n} G(k) = \frac{1}{n}\sum_{k=1}^{n} \cos(\omega k)$$

où n est la taille de l'échantillon en entrée.
La quantité c est définie par la fréquence circulaire ω alors

$$Bias(Y_r) = \frac{1}{n}\sum_{k=1}^{n} \cos(kc)$$

de (4.2.1), il s'ensuit que

$$Bias(Y_r) = \frac{1}{n}\left(\frac{D_n(c) - 1}{2}\right) \qquad (4.2.2)$$

Par conséquent, pour $c = 0$ i.e. la fréquence théorique égale à la fréquence

$$Bias(Y_r) = 1$$

Notons que si le premier nombre régulier est situé au creux de l'onde, le biais serait alors égal à -1. ∎

4.2. Evaluation du biais pour l'échantillonnage descriptif

Théorème 4.2.2 *Dans "le meilleur modèle 1", nous avons*

$$Bias(Y_r) = O(\frac{1}{n}).$$

Démonstration. La deuxième expression peut être réécrite en utilisant le lemme suivant donné dans [19]

$$D_n(x) = \frac{\sin\left(n + \frac{1}{2}\right)x}{\sin\frac{x}{2}} \text{ pour } x \neq 0$$

en remplaçant cette expression dans (4.2.2) on obtient:

$$Bias(Y_r) = \frac{\sin\left(n + \frac{1}{2}\right)c}{2n\sin\frac{c}{2}} - \frac{1}{2n}$$

Sous l'hypothèse (H$_2$), il est évident que, pour $c > 0$

$$Bias(Y_r) = O\left(\frac{1}{n}\right) \qquad (4.2.3)$$

En particulier, quand $c = d = \frac{a}{2} > 0$, i. e. la fréquence théorique est égale à la moitié de la fréquence, ainsi on obtient (4.2.3). Donc le biais est insignifiant puisque les échantillons de simulation sont supposés suffisamment grands. ∎

Théorème 4.2.3 *Dans "le meilleur modèle 2", nous avons*

$$Bias(Y_r) = 0.$$

Démonstration. Sous l'hypothèse (H$_2$) et supposons aussi que le premier nombre régulier est situé sur l'axe horizontal. Considérons la réponse suivante pour satisfaire la dernière condition:

$$G(x) = \sin(\omega x)$$

D'après (4.1.1), le biais sera donné par

$$Bias(Y_r) = \frac{1}{n}\sum_{k=1}^{n}\sin(kc)$$

Donc, pour $c = 0$, nous avons

$$Bias(Y_r) = 0$$

∎

4.2. Evaluation du biais pour l'échantillonnage descriptif

Remarque 4.2.1 *Dans la plupart des problèmes de simulation, la surface des réponses peut avoir les deux composantes suivantes:*
- *Une onde avec une grande amplitude*
- *Une onde de période régulière et de petite amplitude située sur la première composante.*

Si on tire sur les deux extrémités de la première composante, ce type de surface des réponses peut être vu comme étant composée d'une onde de période régulière et de petite amplitude située sur une droite. Il est donc évident que les estimateurs produit par la simulation sont de faibles biais puisque ces derniers dépendent de l'amplitude de l'onde dans le pire modèle.

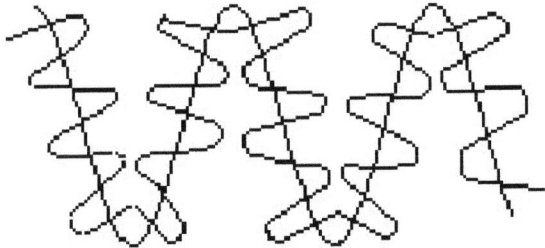

Figure 6: La surface de réponse qui peut être interprété comme une onde de petite amplitude située sur une ligne droite

CHAPITRE 5
Approche mathématique

5.1 Description de l'approche proposée

L'approche proposée, appelé, échantillonnage descriptif amélioré (EDA) est définit par un bloc de sous-ensembles de nombres réguliers dont les tailles sont des nombres premiers. Ces derniers sont choisis aléatoirement. Ce bloc doit être situé à l'intérieur d'un générateur distribuant ces nombres réguliers à la demande de la simulation. La procédure s'arrête lorsque la simulation se termine.

Dans cette approche, chaque histoire est déterminée par un bloc de nombres premiers différents. Si la simulation nécessite M histoires répliquées, nous considérons alors M blocs de $m_1, m_2, ..., m_M$ sous-ensembles réguliers. Les nombres premiers et les valeurs des sous-ensembles d'entrée ne sont pas les mêmes pour toutes les histoires répliquées.

Remarque 5.1.1 *Par construction, cette approche ne nécessite pas la connaissance a priori de la taille de l'échantillon.*

5.2 Histoire de Simulation

Soient p_q, $q = 1, 2, 3, ...$ des nombres premiers distincts.

Supposons que:
- la variable de sortie possède k paramètres à estimer

5.2. Histoire de Simulation

- la simulation se termine quand m nombres premiers sont utilisés et on obtient m sous histoires.

Dans une histoire donnée, la méthode proposée mène aux m estimateurs des paramètres θ_j, $j = 1, 2, ..., k$ suivants qui sont observés dans les m sous histoires,:

$$(Yr)_j^1 = F_j\left(r_1^1, r_2^2, ..., r_{p_1}^{p_1}\right) \qquad j = 1, 2, ..., k$$

$$(Yr)_j^2 = F_j\left(r_{1+p_1}^1, r_{2+p_1}^2, ..., r_{p_2+p_1}^{p_2}\right) \qquad j = 1, 2, ..., k$$

$$(Yr)_j^m = F_j\left(r_{1+\sum_{i=1}^{m-1} p_i}^1, r_{2+\sum_{i=1}^{m-1} p_i}^2, ..., r_{\sum_{i=1}^{m} p_i}^{p_m}\right) \qquad j = 1, 2, ..., k$$

Par convention
$$\sum_{i=1}^{0} p_i = 0.$$

Les sous ensembles de nombres réguliers

$$\left(r_{1+\sum_{i=1}^{q-1} p_i}^1, r_{2+\sum_{i=1}^{q-1} p_i}^2, ..., r_{\sum_{i=1}^{q} p_i}^{p_q}\right) \qquad q = 1, 2, ..., m$$

sont dépendants, uniformément distribués sur $[0, 1]$ et dont les tailles sont des nombres premiers $p_1, p_2, ..., p_m$.

Comme dans l'ED, ces nombres réguliers s'obtiennent de la manière suivante:

$$r_{i+\sum_{i=1}^{q-1} p_i}^i = \frac{i - 0.5}{p_q} \qquad i = 1, 2, ..., p_q \text{ et } q = 1, 2, ..., m.$$

En conclusion, dans une histoire de simulation, la méthode proposé EDA génère les estimateurs de θ_j, $j = 1, 2, ..., k$, de la manière suivante:

$$(Yr)_j = \frac{1}{m} \sum_{i=1}^{m} (Yr)_j^i \qquad j = 1, 2, ..., k$$

Ces derniers représentent la moyenne des estimateurs $(Yr)_j^i$ $i = 1, ...m$.

5.3 La génération des valeurs des sous-ensembles

Dans l'EDA, les valeurs de la variable aléatoire en entrée X sont générées à la demande de la simulation. La méthode d'inversion offre les valeurs régulières des sous-ensembles qui sont données par:

$$(xd)^i_{i+\sum_{i=1}^{q-1} p_i} = H^{-1}\left(r^i_{i+\sum_{i=1}^{q-1} p_i}\right) \text{ pour } i = 1, 2, ..., p_q \text{ et } q = 1, 2, ..., m$$

La table 1 illustre la méthode proposée pour des valeurs régulières de sous-ensembles de taille $p_1 = 7$, $p_2 = 11$ et $p_3 = 13$ en utilisant la distribution exponentielle de moyenne 1 obtenues par $(xd)_i = -\ln(1 - r_i)$.

i	r^i_i	$(xd)^i_i$	i	r^i_{i+7}	$(xd)^i_{i+7}$	i	r^i_{i+7+11}	$(xd)^i_{i+7+11}$
1	0.071	0.074	1	0.045	0.047	1	0.038	0.039
2	0.214	0.241	2	0.136	0.147	2	0.115	0.123
3	0.357	0.442	3	0.227	0.248	3	0.192	0.214
4	0.500	0.693	4	0.318	0.383	4	0.269	0.314
5	0.643	1.030	5	0.409	0.526	5	0.346	0.425
6	0.786	1.540	6	0.500	0.693	6	0.423	0.550
7	0.929	2.639	7	0.591	0.894	7	0.500	0.693
	Moyenne	0.951	8	0.682	1.145	8	0.577	0.860
			9	0.773	1.482	9	0.654	1.061
			10	0.864	1.992	10	0.731	1.312
			11	0.955	3.091	11	0.808	1.649
				Moyenne	0.969	12	0.885	2.159
						13	0.962	3.258
							Moyenne	0.974

Table 1: Des sous-ensembles réguliers de taille des nombres premiers $p_1 = 7$, $p_2 = 11$ et $p_3 = 13$ pour l'exp(moy 1)

	p_1	p_2	p_3	Moyenne globale
Moyenne	0.951	0.969	0.974	0.965

Table 2: La moyenne observée de la distribution exponentielle

Dans une histoire, l'EDA génère l'estimateur de la moyenne et son biais comme suit:

$$y_r = \frac{1}{3}\sum_{q=1}^{3} y_r^q = 0.965$$

$$Bias(y_r) = \frac{1}{3}\sum_{q=1}^{3} Bias(y_r^q) = -0.035$$

Pour cette histoire, dans le cas de l'échantillonnage descriptif nous sommes contraints de prendre un échantillon de taille

$$n = \sum_{q=1}^{3} p_q = 31.$$

5.4 Les sous-ensembles descriptifs

La procédure permettant d'obtenir les sous ensembles descriptifs dont les tailles sont des nombres premiers p_q est:

1) Générer les sous-ensembles de nombres réguliers

$$\left(r^1_{1+\sum_{i=1}^{q-1} p_i}, r^2_{2+\sum_{i=1}^{q-1} p_i}, ..., r^{p_q}_{\sum_{i=1}^{q} p_i}\right) \quad q = 1, 2, ..., m$$

dont les tailles sont des nombres premiers p_q définis dans la section 5.2

2) Permuter les différentes séquences obtenues

3) Calculer, à la demande de la simulation, les valeurs régulières des sous ensembles de variable aléatoire en entrée

$$(xd)^i_{i+\sum_{i=1}^{q-1} p_i} \text{ pour } i = 1, 2, ..., p_q$$

Cette façon de générer est motivée par le fait que la simulation peut se terminer avant l'utilisation complète du dernier sous ensemble descriptif. Ceci diminue le coût de l'expérience car on ne calcule qu'une partie des valeurs du dernier sous ensemble descriptif généré.

5.5 La structure de données

Pour chaque variable aléatoire d'entrée, on définit un enregistrement avec la structure suivante:

p : un nombre premier représentant la taille du sous-ensemble de nombres réguliers;

R : un vecteur réel $(1, ..., p)$, contenant le sous ensemble de nombres réguliers;

ip: un entier pointant vers le premier élément disponible r à générer. Si $ip = 1$, aucun élément n'a encore été généré. Si $ip > p$, tout le sous ensemble de nombres réguliers a déjà été généré.

5.6 Algorithme

(a) Initialisation de l'expérience

(a_1) Avant chaque début de l'histoire, générer une séquence de nombres premiers distincts

(a_2) choisir aléatoirement, sans remise un nombre premier p de cette séquence

(a_3) générer le sous ensemble de nombres réguliers r_i, $i = 1, 2, ..., p$ et les stocker dans un vecteur R

(b) Initialisation de la sous-histoire. Au début de chaque sous-histoire, posons $ip := 1$

(c) Echantillonnage sans remise pendant la sous histoire

(c_1) si $ip > p$ aller à (d)

(c_2) générer aléatoirement un entier iaux $\in [ip, p]$

(c_3) changer $r(ip)$ avec $r(iaux)$

(c_4) générer une observation xd_i

Arrêter s'il n'y a plus de demande de valeur et collecter les résultats finaux du dernier nombre premier utilisé et aller à (e)

(c_5) autrement, poser $ip := ip + 1$ et aller à (c_1)

(d) Collecter les résultats après chaque sous-histoire et aller à (a_2)

(e) Collecter les résultats après chaque histoire

5.7 Evaluation du biais

Nous rappelons que la surface des réponses est une onde de période régulière et d'une grande amplitude. Le premier nombre régulier de chaque sous ensemble est sur le sommet

ou dans le creux de l'onde. Ainsi, pour générer un grand biais, la fréquence théorique doit être:
$$f_w = n_q p_q \quad \forall \ q = 1, 2, ..., m$$
où n_q est un entier adéquat et p_q, $q = 1, 2, ..., m$ sont les nombres premiers utilisés dans une histoire.

En d'autres termes, il y a possibilité d'existence d'un biais si

$$f_w = M p_1 p_2 ... p_m \text{ quelque soit l'entier } M$$

Puisque le produit de tous les nombres premiers utilisés dans une histoire a, de toute évidence, une très grande fréquence, il s'ensuit que la simulation se termine certainement avant que cette dernière n'atteigne la fréquence théorique.

Théorème 5.7.1 *Si*
$$f_w \neq M \ p_1 p_2 ... p_m \quad \text{où } M = 1, 2, ...$$
alors $Bias(Yr)$ est insignifiant.

Démonstration. Pour sa démonstration, sans nuire à la généralité, nous considérons l'exemple suivant où $f_w = 30$

• Supposons que les premiers nombres premiers choisis sont $p_1 = 5$ et $p_2 = 2$. Alors, f_w est un multiple de p_1 et de p_2 où $n_1 = 6$ et $n_2 = 15$. Dans ce cas, tous les nombres réguliers générés à partir de p_1 et p_2 sont situés sur les sommets de l'onde si chaque premier nombre de ces générations est situé sur le sommet de l'onde. Cette situation est illustrée sur la figure suivante.

Les symboles +, ∘, •, et − représentent respectivement les nombres réguliers obtenus en utilisant des échantillons de taille des nombres premiers 5, 2, 3 et 7.

5.7. Evaluation du biais

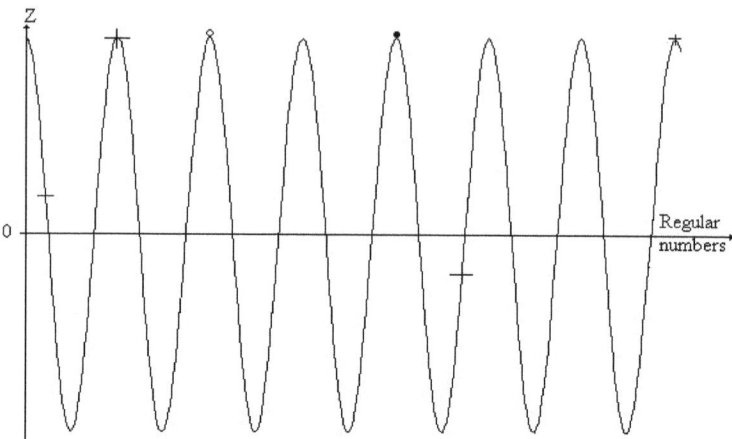

Figure 7: Représentation graphique de la surface de réponse réguliére utilisant des sous ensembles de taille des nombres premiers respectivement par + pour $p_1 = 5$, ○ pour 2, ● pour 3 et - pour 7

En conséquence, le biais atteint son niveau maximum puisque

$$f_w = Mp_1p_2 \text{ où } M = 3$$
$$f_w > p_1p_2$$

- Supposons maintenant un autre nombre premier $p_3 = 3$ est demandé par la simulation. Comme,

$$f_w = n_3p_3 \text{ où } n_3 = 10$$

alors les nombres réguliers générés à partir de p_3 sont aussi sur les sommets de l'onde si le premier nombre de cette génération est sur le sommet de l'onde comme le montre la figure7.

Donc, le biais atteint aussi son niveau maximum puisque

$$f_w = p_1p_2p_3$$

5.7. Evaluation du biais

- De la même manière, si un autre nombre premier $p_4 = 7$ est demandé par la simulation, et comme f_w n'est pas un multiple de p_4 alors les nombres réguliers générés à partir de p_4 ne sont pas situés sur le sommet de l'onde comme le montre la figure 7. Donc, le biais devient plus petit que son maximum car

$$f_w < p_1 p_2 p_3 p_4$$

On remarque que le biais est insignifiant puisque l'histoire est composée de plus en plus de nombres premiers différents de p_1, p_2 et p_3.

En général, le biais est insignifiant si le produit des nombres premiers $p_1 p_2 ... p_m$ utilisés dans une histoire est plus grand que la fréquence théorique i. e.

$$f_w < p_1 p_2 ... p_m \qquad (5.7.1)$$

Par ailleurs, supposons qu'au début de la simulation les nombres premiers demandés ne sont pas tous des diviseurs de f_w.

- Par exemple, $p_1 = 7$ et $p_2 = 2$. Dans ce cas, le biais est insignifiant puisque

$$f_w \neq M p_1 p_2 \text{ où } M = 2, 3, ...$$
$$f_w > p_1 p_2$$

En général, le biais est insignifiant si

$$f_w > p_1 p_2 ... p_m \qquad (5.7.2)$$

où $p_1 p_2 ... p_m$ n'est pas un diviseur de f_w. On conclut de (5.7.1) et (5.7.2). ∎

CHAPITRE 6
Présentation de l'approche expérimentale

6.1 Introduction

Nous allons tester l'approche proposée à travers quatre différentes situations à savoir:
- Deux problèmes d'évaluation de performance d'un joueur dans un jeu donné.
- Un problème de production.
- Un problème d'ordonnancement de type flowshop.

Le premier problème permet d'identifier les différents modèles construits en vérifiant les résultats théoriques obtenus dans le chapitre 4. Tandis que les autres problèmes montrent que l'approche proposée est plus performante que les échantillonnages descriptif et aléatoire. Dans le problème 2, on vérifie également le résultat établit dans le chapitre 4 qui stipule que: " la seule fréquence théorique capable de créer un biais est celle générée par le produit de tous les nombres premiers utilisés dans la simulation". On compare ensuite les résultats obtenus par l'échantillonnage descriptif et la méthode développée dans le cas où toutes les valeurs du dernier sous ensemble sont utilisées et le cas où une partie seulement de ces valeurs est utilisée par la simulation.

6.2 Description des problèmes

6.2.1 Problème 1

On considère un jeu particulier dont la surface des réponses se comporte comme une onde de période régulière. Au début du jeu, la performance du joueur est évaluée par une fonction X. Après un certain effort, la réponse obtenue est une performance directement reliée à X.

Nous avons une variable d'entrée et une variable de sortie possédant un paramètre μ à estimer.

Les observations de la variable d'entrée sont:

$$x_i = X(r_i) = A \times \cos(2\pi\omega r_i) \qquad \text{pour } i = 1, 2, ..., n$$

où A est l'amplitude, ω la fréquence circulaire et $r_1, r_2, ..., r_n$ sont des nombres réguliers dépendants et uniformément distribuées sur $[0, 1]$.

Les observations de la variable de sortie sont:

$$f_i = \text{Perf}(r_i) = A \times \cos(2\pi\omega r_i) + 25 \qquad \text{pour } i = 1, 2, ..., n.$$

6.2.2 Problème 2

Considérons le problème 1 où la variable de sortie possèdent deux paramètres μ et σ à estimer.

Les observations de la variable d'entrée sont:

$$x_i = \sum_{j=1}^{5} A_j \times \cos(2\pi\omega_j u_j) \qquad \text{pour } i = 1, 2, ..., n$$

où $A_j, j = 1, 2, .., 5$ sont les amplitudes, $\omega_j, j = 1, 2, .., 5$ les fréquences circulaires et $u_1, u_2, ...$ sont:
- des nombres réguliers dépendants dans l'échantillonnage descriptif,
- des sous ensembles de nombres réguliers dépendants dont les tailles sont des nombres premiers dans l'approche proposée,

6.2. Description des problèmes

- des nombres aléatoires indépendants dans l'échantillonnage aléatoire et uniformément distribuées sur [0, 1].

Les observations de la variable de sortie sont:

$$f_i = \text{Perf}(x_i) = \sum_{j=1}^{5} A_j \times \cos(2\pi\omega_j u_j) + 25 \quad \text{pour } i = 1, 2, ..., n.$$

Le choix particulier de ce problème est justifié par l'existence d'une solution analytique qui permet l'évaluation du biais, la difficulté de trouver un système réel où la surface des réponses régulière produit un grand biais et sa simplicité puisqu'il introduit une intégrale unidimensionnelle.

6.2.3 Problème 3

Considérons un îlot de production composé de deux stations de travail : une machine d'usinage et une machine d'assemblage. Un seul réparateur est utilisé dans ce système de production. Le comportement de l'îlot peut être décomposé en quatre états élémentaires (états des machines) suivants:

S_1 : Etat de production de l'îlot (les deux machines en marche).

S_2 : Etat de panne de la machine d'usinage.

S_3 : Etat de panne de la machine d'assemblage .

S_4 : Etat de panne de l'îlot (les deux machines en panne).

En cas de panne simultanée des deux machines, la machine d'usinage est prioritaire.

Le choix particulier de ce problème est justifié par l'existence d'une solution analytique obtenue par les réseaux de Pétri stochastique [1] qui permet l'évaluation du biais des performances et la vérification expérimentale du comportement de l'approche proposée sur la méthode des trois phases.

6.2.4 Problème 4

Le problème d'ordonnancement d'atelier choisi est un système de production de type flow shop de permutation [21]. Tout travail visite chaque machine de l'atelier et l'ordre de passage d'un travail sur les différentes machines est le même pour tous les travaux.

6.2. Description des problèmes

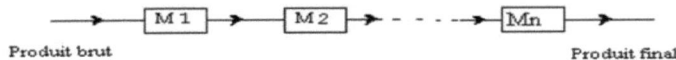

Figure 8: Système de production d'atelier

Les travaux sont tous de même type, en d'autres termes, on ne dispose que d'une seule classe d'arrivée appelée produit.

Les machines et les durées des travaux correspondent respectivement aux serveurs et aux durées de service en théorie des files d'attentes [29].

On suppose que le processus d'arrivée des produits suit une distribution de Poisson de paramètre λ. Les inter-arrivées des produits, qui sont considérées comme variables d'entrées, suivent donc une distribution exponentielle de paramètre λ. Par contre, la durée de service est une variable déterministe.

Les performances de ce système [28] sont citées ci dessous:

U_j : Le taux d'occupation de la $j^{ème}$ machine où $j = 0, 1, 2, ...$

U : Le taux d'occupation du système

W_s : Temps moyen de séjour d'un produit dans le système

Wf_k : Temps d'attente moyen d'un produit dans la $k^{ème}$ file

L_s : Le nombre moyen de produits dans le système

L_f : Le nombre moyen de produits dans la file

W_f : Le temps moyen d'attente d'un produit dans le système

S_{Wf} : L'écart type du temps d'attente d'un produit dans le système.

Le dernier paramètre est le plus approprié pour la comparaison des méthodes d'échantillonnage. Tandis que l'estimation des autres paramètres est utilisée pour prévoir le comportement futur du système.

Le choix particulier de ce problème est justifié par sa complexité et la nécessité d'observer le comportement de la méthode d'échantillonnage proposée sur un problème d'ordonnancement fortement combinatoire appartenant à la classe NP-hard.

6.3 Modélisation

Les modélisations des problèmes 1 et 2 ne sont pas présentées en raison de leurs simplicités.

6.3.1 Problème 3

La modélisation du système de production étudié par la simulation à événements discrets se fait en utilisant le diagramme du cycle d'activités suivant:

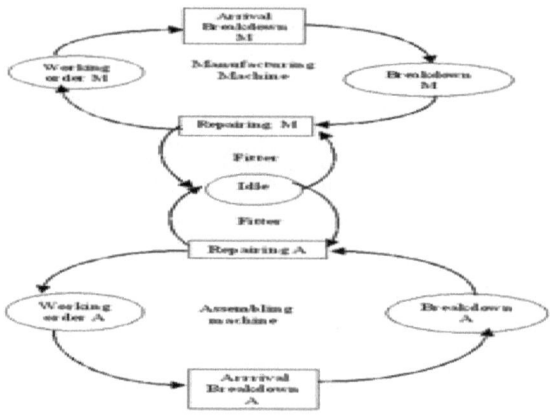

Figure 9: Diagramme du cycle d'activité du système de production

Nous avons identifié trois classes d'entités: Machine d'assemblage, machine d'usinage et le réparateur.

Le système peut changer d'état à n'importe quel instant appelé activité B ou C. Il existe quatre activités B et deux activités C décrites ci-dessous:

B_1: Panne d'usinage.

B_2: Panne d'assemblage.

B_3: Fin de réparation machine d'usinage.

B_4: Fin de réparation machine d'assemblage.

C_1: Début de réparation de la machine d'usinage.

C_2: Début de réparation de la machine d'assemblage.

6.3.2 Problème 4

Le problème d'ordonnancement de type flowshop peut être considéré comme une alternative aux réseaux de système de file d'attente avec une capacité infini et de discipline FIFO. La figure suivante représente le diagramme du cycle d'activité du système étudié.

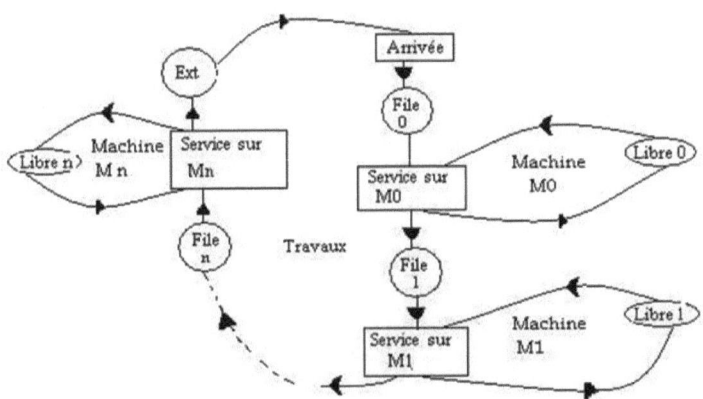

Figure 10: Le diagramme du cycle d'activité du Problème d'ordonnancement

Nous avons identifié deux classes d'entités: Travaux et machines. Nous définissons les états du système pour l'entité travail par: "Arrive"; "Visit M" et "Ext M" et pour l'entité machine par: "Libre" et "Occupé" et les activités liées au système sont décrites comme suit:

- Arrivée du travail
- Début du service sur M_0, Début du service sur M_1, ...

- Fin de service sur M_0, Fin de service sur M_1, ...

Pour la clarté de cette modélisation, nous décrivons les actions reliées à chaque test à travers un exemple de problème de flowshop décrit par une machine. Dans ce cas, nous avons trois activités. Si le problème de flowshop est décrit par deux machines, nous aurons cinq activités etc...

Activité	Test	Actions
Arrivée du travail	Arrivée maintenant?	L'état travail change de Ext M à Arrive Déterminer l'instant de la prochaine arrivée
Début du service sur M_0	File? Etat de la machine?	L'état travail change de Arrive à Visit M L'état machine change de Libre à Occupé Calculer l'instant de fin du service sur M_0
Fin du service sur M_0	Fin service maintenant?	L'état travail change de Visit M à Ext M L'état machine change de Occupé à Libre

Table 3: Modélisation du problème de flowshop décrit par une machine

6.4 Résolution des problèmes

Le problème 4 d'ordonnancement d'atelier ne peut être résolu de manière exacte. En d'autres termes, il n'existe pas d'algorithme dont la complexité est polynomiale pour sa résolution. Il est par conséquent résolu par la simulation ou par les heuristiques, il n'est donc pas présenté dans cette section.

6.4.1 Problème 1

La valeur théorique du paramètre à étudier est

$$\mu = \int_0^1 \text{Perf}(u)du$$

Après calcul (annexe A_1) on trouve:

$$\mu = 25$$

6.4.2 Problème 2

Les valeurs théoriques des deux paramètres à étudier sont

$$\mu = \int_0^1 \text{Perf}(u)du$$
$$\text{et } \sigma = \left(\int_0^1 (\text{Perf}(u) - \mu)^2 du\right)^{1/2}$$

Après calcul (annexe A_1), on trouve:

$$\mu = 25 \text{ et } \sigma = \left(\frac{1}{2}\sum_{j=1}^{5} A_j^2\right)^{1/2}$$

6.4.3 Problème 3

La résolution de ce problème de réparation d'un îlot de production se fait par les réseaux de Pétri stochastique (RPS).

Considérons le RPS associé à ce problème où l'ensemble des places

$$P = \{p_1, p_2, p_3, p_4\}$$

et l'ensemble des transitions

$$T = \{t_1, t_2, ..., t_8\}$$

où t_i représente l'événement provoquant la modification du système. Les places p_i représentent les actions des états S_i, $i = 1, ..., 4$.

6.4. Résolution des problèmes

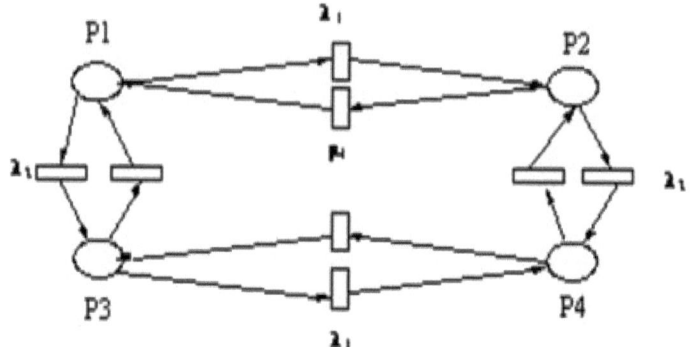

Figure 11: Le réseau de Pétri stochastique du système de production

Les variables aléatoires d'entrée considérées sont les durées de franchissement ou de transition. Ces dernières sont distribuées selon une loi exponentielle de paramètre μ_i et λ_i, appelés aussi, taux de transition. Ils sont donnés dans la table 4 ci-dessous:

Machine	Taux de panne/mois	Taux de réparation/mois
Usinage	$\lambda_1 = 1$	$\mu_1 = 10$
Assemblage	$\lambda_2 = 5$	$\mu_2 = 11$

Table 4: Les taux de transition

Les performances du système sont les probabilités d'états $P(S_i)$, $i = 1, 2, 3, 4$ en régime permanent. Après résolution par les réseaux de Pétri stochastique nous obtenons les valeurs théoriques suivantes données en table 5.

$P(S_1)$	$P(S_2)$	$P(S_3)$	$P(S_4)$
0.625	0.0625	0.2811	0.0281

Table 5: Résultats Théoriques

CHAPITRE 7
Simulation

7.1 Introduction

Le simulateur est une "maquette" logicielle, complété par un modèle de l'environ-nement, que l'on fait évoluer pour y mesurer à loisir les grandeurs critiques. Lorsque le simulateur passe d'un événement au suivant, la date saute de la valeur courante à la celle du nouvel événement.

La simulation des deux premiers problèmes a été réalisée sous le langage Pascal et celle des problèmes 3 et 4, sous l'environnement orienté objet Delphi 5 car ces derniers étant complexes. Dans le cas de l'échantillonnage aléatoire, nous avons utilisé la fonction Random des langages de programmation utilisés. Par contre, dans les autres échantillonnages, nous avons conçu des générateurs pour la génération d'échantillons de nombres réguliers.

L'estimateur de μ dans le problème 1 obtenu à travers la simulation est donné par:

$$\overline{f} = \frac{1}{n}\sum_{i=1}^{n} f_i$$

Tandis que ceux de μ et σ dans le problème 2 obtenus à travers la simulation sont donnés respectivement par:

$$\overline{f} = \frac{1}{n}\sum_{i=1}^{n} f_i \text{ et } S = \left(\frac{1}{n-1}\sum_{i=1}^{n} (f_i - \overline{f})^2\right)^{1/2}$$

7.2 Simulateur 1

Dans cette section, nous décrivons le simulateur "LGSRP" que nous avons conçu pour simuler le problème de production. La conception du simulateur permet la comparaison des différentes méthodes d'échantillonnages et l'évaluation des performances du système. Parmi les méthodes de simulation à événements discrets disponibles dans la littérature, nous avons utilisé la méthode des trois phases, qui est la plus adaptée pour simuler le système de production.

7.2.1 Conditions initiales

Nous supposons qu'à l'instant initial $t = 0$, le système se trouve à l'état de production S_1 et le réparateur à l'état "libre".

7.2.2 Paramètres

Les paramètres à fixer par l'utilisateur sont:
- Les paramètres du réseaux (taux de transitions).
- La taille de l'échantillon

7.2.3 Estimation des performances

Les probabilités d'états $P(S_i)$ sont estimées à travers la simulation par la relation suivante:

$$\widehat{P}(S_i) = \frac{T(S_i)}{T} \quad i = 1, 2, 3, 4$$

où $T(S_i)$, $i = 1, 2, 3, 4$ est le temps de l'état du système S_i et T la durée de la simulation.

7.2.4 Implémentation

Les différentes fenêtres affichées par le logiciel sont:

Au lancement du "LGSRP" la fenêtre principale (l'interface) suivante apparaît à l'écran

7.2. Simulateur 1

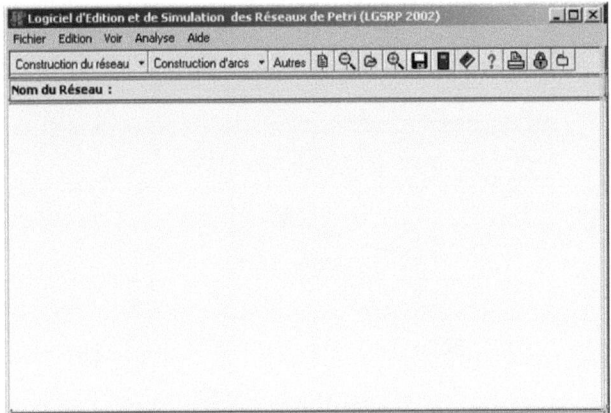

Figure 12: Interface principale

Cette fenêtre est constituée d'une barre de menu offrant l'accès à toutes les fonctionnalités du logiciel et d'une barre d'outils contenant les raccourcis permettant les principaux traitements. De plus, la fenêtre du LGSRP contient une zone de construction de réseaux.

Dans le menu "Fichier", on retrouve les commandes: Nouveau, Ouvrir, Enregistrer, Tout enregistrer, Fermer, Tout fermer, Imprimer et Quitter.

Dans le menu "Edition", on retrouve les commandes: Suppression de places, Suppression de transitions, Suppression d'arcs, Recherche de places, Recherche de transitions et Recherche d'arcs.

Dans le menu "Voir", on retrouve les commandes: Matrice de pré condition, Matrice de post condition et Matrice d'incidence.

Dans le menu "Analyse", on retrouve les commandes: Réseaux de Pétri, Simulation et Génération d'échantillon

Dans le menu "Aide", on retrouve les commandes: Rubrique d'aide et A propos.

Menu Analyse

La fiche du réseaux de Pétri

7.2. Simulateur 1

En cliquant sur la commande "Réseau de Pétri", la fenêtre suivante apparaît. Cette fenêtre représente la construction du réseaux de Pétri stochastique du système de production.

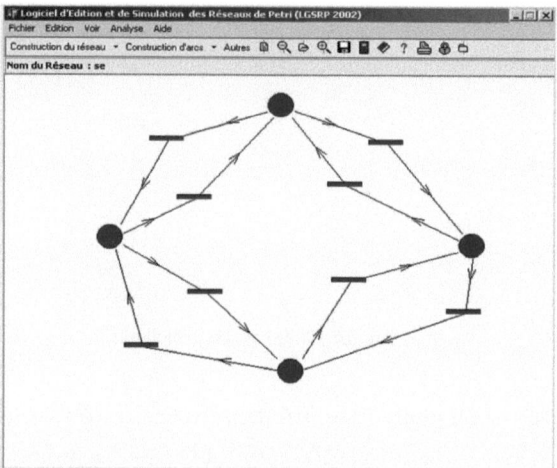

Figure 13: Construction d'un réseau de Petri

L'interface de la simulation:

En cliquant sur la commande "Simulation", la fenêtre suivante apparaît. Cette fenêtre permet d'introduire les paramètres du système de production et l'exécution de la simulation par les différentes méthodes d'échantillonnages.

7.2. Simulateur 1

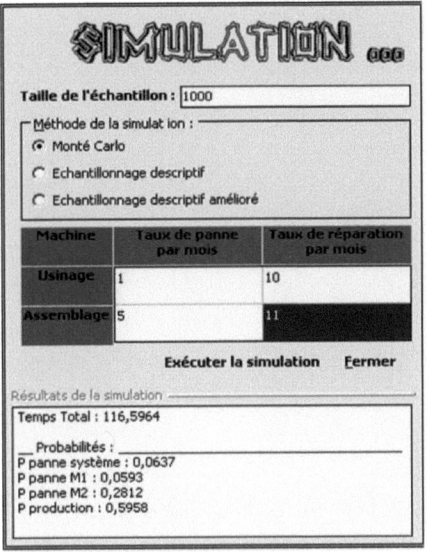

Figure 14: L'interface de la simulation

Les fenêtres des générateurs de nombres:

En cliquant sur la commande "Génération d'échantillon", la fenêtre suivante apparaît. Cette fenêtre permet de générer des nombres aléatoires par la méthode de l'échantillonnage aléatoire ou bien des nombres réguliers par les méthodes d'échantillonnages descriptif ou descriptif amélioré.

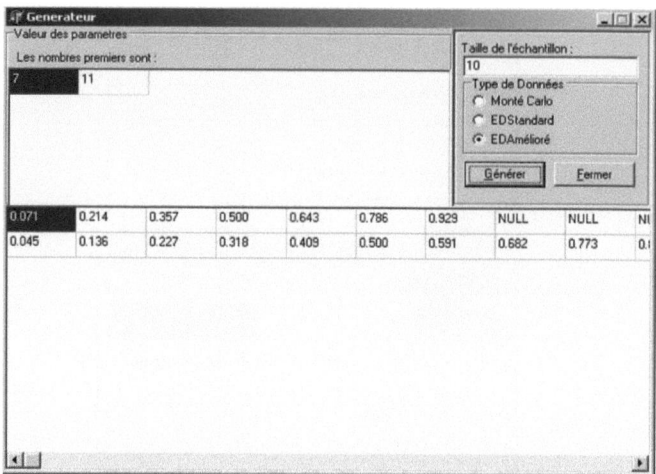

Figure 15: Fenêtre des résultats de génération d'échantillons pour le problème de production

7.3 Simulateur 2

Dans cette section, nous décrivons le simulateur, appelé, "Flowshop simulator" que nous avons conçu pour simuler le problème d'ordonnancement de type flowshop. La conception du simulateur permet la comparaison des différentes méthodes d'échantillonnages et l'évaluation des performances du système.

Parmi les méthodes de simulation à événements discrets disponibles dans la littérature, nous avons fait appel à l'approche activité, qui la plus adaptée pour simuler un problème d'ordonnancement de type flowshop.

Le logiciel "Flowshop simulator" permet aussi de prédire le comportement futur dans le cas de variation de certains paramètres. Un de ses avantages est que les paramètres du système peuvent être fixés par l'utilisateur et peut supporter un problème d'ordonnancement de type flowshop avec un nombre important de machines.

7.3.1 Conditions initiales

Nous supposons qu'à l'instant initial $t = 0$, le système se trouve à l'état "Arrive" pour les travaux et à l'état "libre" pour les machines.

7.3.2 Paramètres

Les paramètres à fixer par l'utilisateur sont:

- Le nombre de machines dans l'atelier.
- Le paramètre du processus de Poisson λ.
- La durée de service sur chaque machine.
- La durée de la simulation.
- Le nombre d'histoires M.

7.3.3 Estimation des performances

Les performances du système "flowshop" sont estimées à travers la simulation par:

$$\begin{aligned}
\widehat{U}_j &= B_j/T \\
\widehat{U} &= \sum U_j/S \\
\widehat{W}_s &= \sum W_{S_i}/C \\
\widehat{Wf}_k &= \sum W_{ik}/C \\
\widehat{L}_s &= \sum W_{S_i}/T \\
\widehat{L}_f &= \sum W_{f_i}/T \\
\widehat{W}_f &= \sum W_{f_i}/C
\end{aligned}$$

où

C : est le nombre de produits finis au cours de la période de simulation ;

T : la durée de la simulation ;

S : le nombre de machines ;

B_j : la somme des intervalles du temps de service de tous les produits servis par la machine j;

W_{S_i} : l'intervalle de temps qu'un produit i passe dans le système obtenu par la formule:

$$\sum_k \sum_i (t_{fs} - t_a)_{ik} \ ;$$

W_{ik} : l'intervalle de temps qu'un produit i passe dans la file k obtenu par la formule:

$$\sum_i (t_{ds} - t_a)_{ik} \ ;$$

W_{f_i} : l'intervalle de temps qu'un produit i passe dans les files obtenu par la formule:

$$\sum_k W_{ik} \ ;$$

où t_{ds} : l'instant du début de service du produit i dans la file k ;

t_{fs} : l'instant de la fin de service du produit i dans la file k ;

t_a : l'instant d'arrivée d'un produit du produit i dans la file k ;

7.3.4 Implémentation

Les différentes fenêtres du logiciel sont:

La fenêtre principale:

Au lancement du "Flowshop simulator" la fenêtre principale (l'interface) suivante apparaît à l'écran.

7.3. Simulateur 2

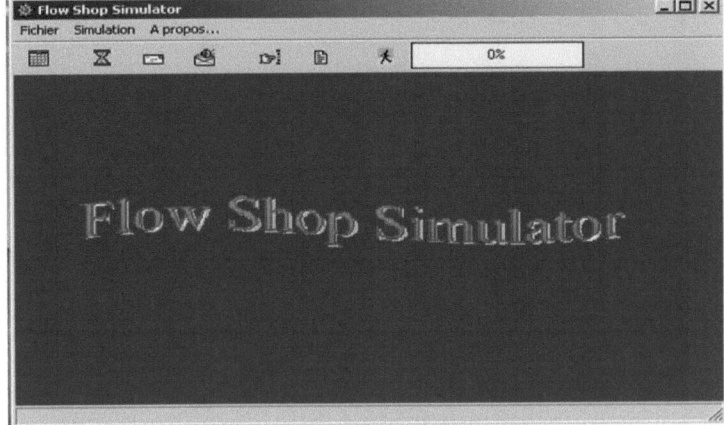

Figure 16: L'interface principale

Cette fenêtre est constituée d'une barre de menu offrant l'accès à toutes les fonctionnalités du logiciel et d'une barre d'outils contenant les raccourcis permettant les principaux traitements.

Dans le menu "Fichier" on retrouve les commandes:
- Ouvrir
- Enregistrer
- Enregistrer sous
- Quitter

Dans le menu "Simulation" on retrouve les commandes:
- Paramètres du flowshop
- Exécuter la simulation avec $\begin{cases} \text{l'échantillonnage aléatoire} \\ \text{l'échantillonnage descriptif} \\ \text{l'échantillonnage descriptif amélioré} \\ \text{les trois simultanés} \end{cases}$
- Les résultats

7.3. Simulateur 2

- Détails des résultats
- Générateurs de nombres aléatoires

La fenêtre d'introduction des paramètres:

En cliquant sur la commande "paramètre du flowshop", la fenêtre d'introduction des paramètres suivante apparaît à l'écran. Cette dernière permet d'introduire les paramètres du système flow shop.

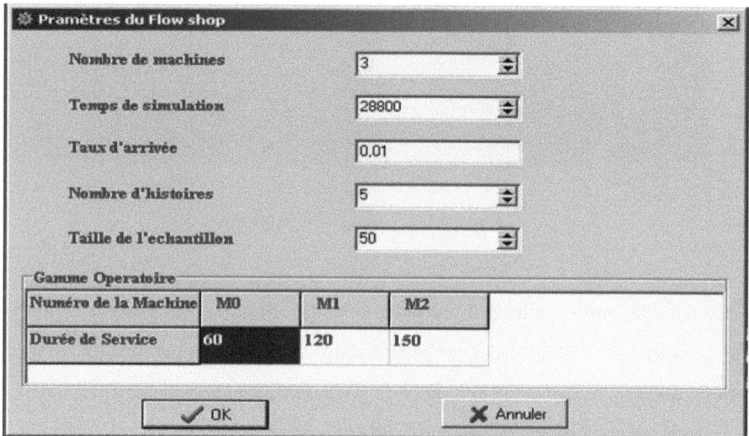

Figure 17: Fenêtre d'introduction des paramètres du système flowshop

La fenêtre d'affichage:

En cliquant sur la commande "exécuter la simulation avec l'échantillonnage aléatoire", la fenêtre d'affichage des résultats suivante apparaît à l'écran. Cette dernière affiche les résultats de la simulation par la méthode d'échantillonnage aléatoire.

7.3. Simulateur 2

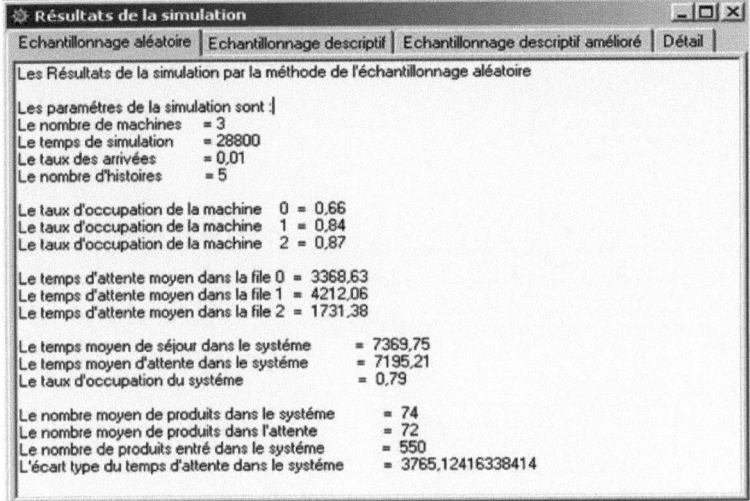

Figure 18: Fenêtre d'affichage des résultats

Détail de la simulation

En cliquant sur la commande "Détails des résultats" ou "Les résultats", la fenêtre des résultats de la simulation pas à pas, avec une méthode d'échantillonnage ou avec les trois méthodes simultanés suivantes apparaît à l'écran.

7.3. Simulateur 2

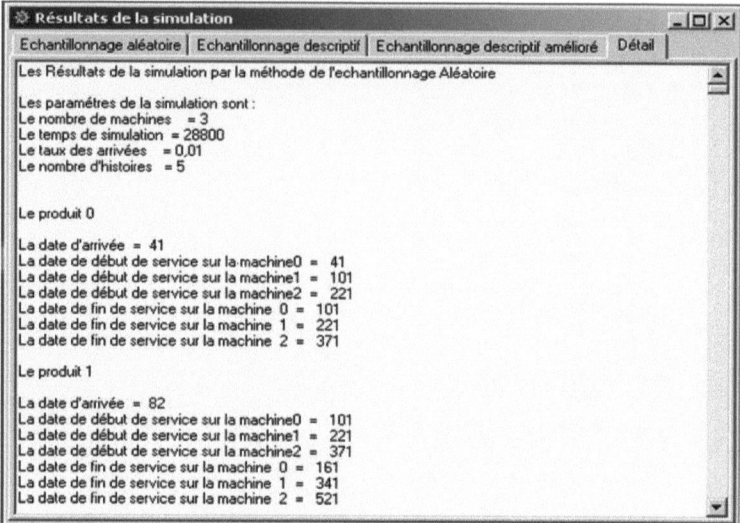

Figure 19: Le détail de la simulation

La fenêtre des générateurs:

En cliquant sur la commande "générateurs de nombres aléatoires" la fenêtre des résultats de génération d'échantillons suivante apparaît à l'écran. Cette dernière permet de générer des nombres aléatoires par la méthode de l'échantillonnage aléatoire et des nombres réguliers par les méthodes d'échantillonnages descriptif et descriptif amélioré.

7.3. Simulateur 2

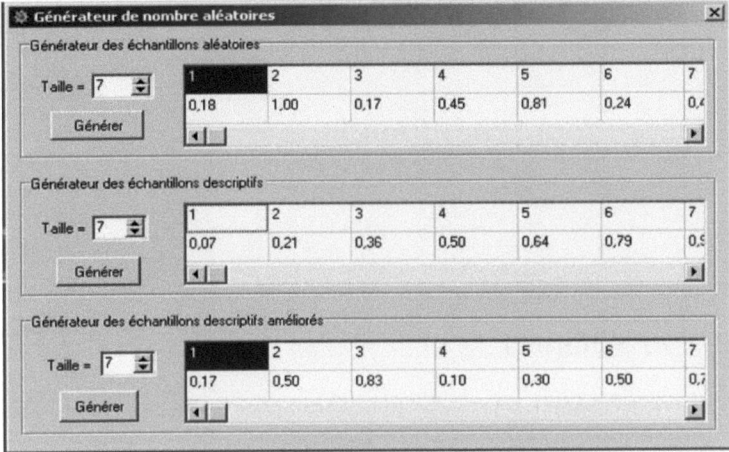

Figure 20: Fenêtre des résultats de génération d'échantillons

CHAPITRE 8
Résultats empiriques

8.1 Problème 1

En fixant l'amplitude $A = 10$ et $n = 10$ observations de la variable aléatoire d'entrée on exécute trois histoires pour identifier les différents modèles décrits dans le chapitre 4.

Dans la première, nous supposons que la fréquence théorique est identique aux nombres d'observations, i.e. $\omega = 10$ et les résultats observés sont donnés dans la table 6

r_i	0.05	0.15	0.25	0.35	0.45	0.55	0.65	0.75	0.85	0.95	$\overline{f}$
f_i	15	15	15	15	15	15	15	15	15	15	15

Table 6: Résultats empiriques pour identifier le "pire modèle"

Dans la deuxième histoire, nous supposons que la fréquence théorique $\omega = 7$ et les résultats observés sont donnés dans la table 7.

r_i	0.05	0.15	0.25	0.35	0.45	0.55	0.65	0.75	0.85	0.95	$\overline{f}$
f_i	19.12	34.51	25	15.49	30.88	30.88	15.49	25	34.51	19.12	25

Table 7: Résultats empiriques pour identifier le "meilleur modèle 1"

Dans la troisième histoire, nous supposons que la variable d'entrée varie d'un angle de $\pi/2$ et la fréquence théorique est identique aux nombres d'observations, i.e. $\omega = 10$. Les résultats observés sont donnés en annexe A_2.

Dans la table 6, nous remarquons que le biais de la moyenne est estimé à

$$-10 = -A,$$

ce qui correspond au résultat du théorème 1 dans le cas du "pire modèle".

De la table 7, nous déduisons que le biais de la moyenne est estimé à

$$-0.44 \times 10^{-15}.$$

Donc l'estimateur de la moyenne est sans biais, ce qui est conforme aux résultats du théorème 2 dans le cas du "meilleur modèle 1".

Les résultats observés qui vérifie le théorème 3 sont donnés en annexe A_2.

En conclusion, les résultats des trois histoires sont en adéquation avec ceux que nous avons établi.

8.2 Problème 2

8.2.1 Comparaison entre l'ED et l'EDA

Ce problème est un cas simple où les estimateurs ne sont pas affectés par les séquences des échantillons en entrée. Il n'est donc pas nécessaire de permuter les nombres réguliers et de répliquer les histoires de la simulation. On exécute alors qu'une seule histoire.

Nous résumons les différentes expériences en calculant la moyenne, la variance et le biais des estimateurs.

Nous avons mis l'accent dans le chapitre 5 sur le fait que les nombres premiers sont choisi aléatoirement mais dans les expériences liées à ce problème, ces derniers sont utilisés dans l'ordre croissant car les résultats ne sont pas altérés.

On démarre la simulation avec le nombre premier 7 pour générer les nombres réguliers car tous les autres nombres premiers qui lui sont inférieurs ont plusieurs multiples. Ceci peut provoquer l'égalité entre ces derniers et les fréquences de l'onde.

Les amplitudes A_j, $j = 1, 2, ..., 5$ de l'onde sont choisies arbitrairement. Soit, à titre d'exemple, $A = (10, 5, 20, 17, 25)$ d'où $\sigma = 26.823$.

8.2. Problème 2

Dans la première et seconde expérience, on choisit la fréquence égale à la première fréquence de l'onde et pour le reste, on utilise $\omega_2 = 50$, $\omega_3 = 40$, $\omega_4 = 60$ et $\omega_5 = 30$.

Pour la première expérience, on prend $n = \omega_1 = 90$. Le dernier nombre premier généré est 23 et la somme de tous les nombres premiers est 90.

Les résultats observés sont donnés dans la table 8.

Estimateur	ED			EDA		
	Moy	Var	Biais	Moy	Var	Biais
$\overline{f}$	15	0	-10	25	0	0
S	12.09	0	-14.74	28.47	0	1.65

Table 8: Résultats empiriques dans le cas où toutes les valeurs du dernier sous ensemble sont utilisés

Pour la seconde expérience, on prend $n = \omega_1 = 100$. Le dernier nombre premier généré est 29.

La table 9 résume les résultats observés.

Estimateur	ED			EDA		
	Moy	Var	Biais	Moy	Var	Biais
$\overline{f}$	15	0	-10	24.80	0	-0.20
S	17.89	0	-8.93	29.22	0	2.40

Table 9: Résultats empiriques dans le cas où une partie seulement des valeurs du dernier sous ensemble est utilisée

Pour la troisième expérience, on prendra ω_1 égale au produit de tous les nombres premiers utilisés. Nous considérons un ensemble de $n = 119$ observations, alors $\omega_1 = 215656441$ et les autres fréquences s sont respectivement choisies par $\omega_2 = 10$, $\omega_3 = 20$, $\omega_4 = 30$ et $\omega_5 = 40$.

Cette expérience montre que la seule fréquence de l'onde capable de créer un grand biais est la fréquence générée par le produit de tous les nombres premiers.

Notons que dans ce cas tous les nombres réguliers générés par le dernier sous ensemble sont utilisés par la simulation. Les résultats sont résumés dans la table 10.

Estimateur	Moy	Variance	Biais
$\overline{f}$	15	0	-10
S	26.46	0	0.36

Table 10: Résultats empiriques obtenues pour l'EDA

Les tables 8 et 9 suggèrent fortement que le biais des estimateurs est insignifiant en utilisant l'approche développée et hautement biaisé dans le cas de l'échantillonnage descriptif. Une petite différence est observée entre les résultats des deux tables. On conclut que l'approche développée est meilleure si tous les nombres réguliers générés du dernier sous ensemble sont utilisés par la simulation.

On peut remarquer à partir de la table 7 que l'utilisation de l'approche produit un estimateur de la moyenne extrêmement biaisé mais à l'inverse un estimateur de l'écart type sans biais. Ce résultat conforte les arguments théoriques développés au chapitre 4, à savoir que le biais de l'estimateur de la moyenne est égal à la première amplitude A_1 de l'onde.

8.2.2 Comparaison entre l'EA et l'EDA

Puisque l'EDA est une procédure qui réduit le biais, alors pour la comparer avec l'EA, nous exécutons M histoires répliquées pour les deux méthodes. Nous résumons cette expérience en calculant la moyenne et la variance des estimateurs. Dans l'EDA, les nombres premiers sont choisis aléatoirement. Les résultats sont donnés dans la table 11 pour $n = 100$, $\omega_1 = 10$, $\omega_2 = 20$, $\omega_3 = 30$, $\omega_4 = 40$ et $\omega_5 = 50$.

		EA		EDA	
M	Estimateur	Moy	Variance	Moy	Variance
10	$\overline{f}$	25.464	6.91	25	0
	S	27.693	5.074	28.910	0.040
100	$\overline{f}$	25.285	7.927	25	0
	S	26.982	4.943	28.783	0.037

Table 11: Résultats empiriques montrant l'efficacité de l'EDA par rapport à l'EA

Comme le montre la table 11, l'échantillonnage descriptif amélioré produit une plus petite variance que l'échantillonnage aléatoire quelque soit le nombre d'histoires répliquées.

8.3 Problème 3

Nous considérons:

- $M = 10$ histoires répliquées dans la méthode de Monte Carlo et chaque histoire est définie par un échantillon de taille $k = 50$.
- Une séquence aléatoire de nombre réguliers de taille n dans l'échantillonnage descriptif telle que:

$$n = M * k = 500$$

- Plusieurs séquences aléatoires de nombres réguliers de taille des nombres premiers p_i dans l'échantillonnage descriptif amélioré tels que

$$\sum_{i=1}^{q} p_i = n = M * k = 500$$

et la simulation dure jusqu'à ce que les valeurs du dernier échantillon généré soient tous utilisés.

Après exécution, nous avons obtenu les résultats suivants:

Méthode	$P(S_1)$		$P(S_2)$		$P(S_3)$		$P(S_4)$	
	valeur	Erreur	valeur	Erreur	valeur	Erreur	valeur	Erreur
EA	0,6614	0.0364	0,0229	0.0396	0,2145	0.0666	0,1012	0.0731
ED	0,6078	0.0172	0,0818	0.0193	0,2711	0.01	0,0393	0.0112
EDA	0,6214	0.0036	0,0881	0.0256	0,2836	0.0025	0,0068	0.0213

Table 12: Résultats empiriques des différents échantillonnages

Ces résultats montrent que la probabilité d'avoir tout le système en panne est petite et que la probabilité de panne de la machine d'assemblage est plus élevée que celle d'usinage, ceci est dû à la différence de taux de panne des deux machines.

On remarque, à travers les résultats obtenus par l'EA, que les probabilités $P(S_i)$, $i = 1, 2, 3, 4$ sont largement différentes des probabilités obtenues en théorie.

On remarque aussi que les résultats obtenus par la méthode de l'ED et l'EDA sont plus précis que ceux obtenus par l'EA car les résultats sont assez proches des résultats théoriques, mais largement différents des résultats de la méthode de Monte Carlo.

Notons que les résultats obtenus à travers la simulation en utilisant la méthode de l'EDA sont plus précis que ceux obtenus avec l'EA et l'ED, en l'occurrence les probabilités $P(S_1)$ et $P(S_3)$ sont des valeurs presque égales aux résultats théoriques.

8.4 Problème 4

Il est important de rappeler que le but de l'ED et l'EDA est de réduire la variance des estimateurs obtenus à travers la simulation. Une histoire ne peut pas le montrer car un seul estimateur est obtenu pour chaque paramètre étudié. Nous exécutons une expérience de simulation pour chaque échantillonnage avec M histoires répliquées en utilisant les mêmes paramètres de simulation, choisi arbitrairement tels que:

- Le nombre de machines dans l'atelier $= 3$.
- Le paramètre du processus de Poisson $\lambda = 0.01$.
- La durée de la simulation $= 3600\,\text{sec}$.
- Le nombre M d'histoires répliquées $= 30$.
- La taille de l'échantillon descriptive $= 100$.

On présente l'écart type du temps d'attente d'un produit dans le système (table 13), les autres performances sont présentés en annexe A_3.

	La moyenne W_f			L'écart type SW_f		
Temps d'attente	EA	ED	EDA	EA	ED	EDA
(s)	718.4	513.10	299.26	560.92	587.95	429.81

Table 13: Résumé des résultats utilisant les différentes méthodes d'échantillonnage

Les résultats expérimentaux obtenus démontrent que l'écart type de la variable du temps d'attente en utilisant l'EDA est significativement plus réduit que celui de l'ED et l'EA. Par conséquent, ce résultat supporte l'efficacité de l'approche proposée.

CHAPITRE 9
Conclusion et Perspectives

Conclusion

Nous avons montré que l'échantillonnage descriptif peut produire un biais en étudiant la surface des réponses observée à travers la simulation.

L'analyse a été basée sur quelques courbes spécifiquement sinusoïdales de transformations d'entrée-sortie pour déduire les types de problèmes dans lesquels l'ED génère le plus de biais. Nous avons ainsi défini les différents cas de modèles qui peuvent exister par rapport à la surface des réponses étudiée.

En utilisant des arguments mathématiques, nous avons prouvé que le biais est du même ordre de grandeur que l'amplitude de la surface des réponses dans le pire modèle et qu'il est inexistant dans les autres cas.

Afin d'éviter la possibilité de l'existence de ces types de problèmes, nous avons proposé une amélioration à l'ED que nous avons appelé: échantillonnage descriptif amélioré. Nous avons démontré que cette méthode produit des estimateurs dont le biais est insignifiant. Cette nouvelle méthode garantit la réduction du biais introduit par l'échantillonnage non-aléatoire et supprime la nécessité de connaître la taille de l'échantillon au préalable. De plus, contrairement à l'échantillonnage descriptif, notre méthode génère des observations à la demande de la simulation.

L'approche conçue offre une meilleure alternative tant à l'échantillonnage descriptif qu'à l'échantillonnage aléatoire. Cette méthode s'adapte à n'importe quel type de simulation stochastique sans aucune restriction.

Dans la partie expérimentale, nous avons considéré quatre problèmes pour vérifier l'efficacité de notre approche.

Un premier problème simple que nous avons étudié dans le seul but d'identifier les différents modèles construits dans l'approche mathématique. Tandis que le deuxième problème dont la variable d'entrée est une courbe sinusoïdale, nous a permis de distinguer l'efficacité de la méthode d'échantillonnage proposé.

Afin de tester notre approche dans la simulation à événements discrets, nous avons conçu un simulateur pour un problème de production, appelé, LGSRP en utilisant la méthode des trois phases et un autre simulateur pour les problèmes de type flowshop, appelé, Flow shop Simulator, en utilisant l'approche activité. Ces simulateurs sont conviviaux et facile à utiliser par leurs aspects graphiques et ils permettent le changement des différents paramètres de simulation.

Le problème de production étudié possède une solution analytique, nous avons alors pu établir une comparaison de la méthode proposée avec les méthodes de l'ED et l'EA

Dans le cas où l'on observe plus d'une variable aléatoire de sortie à travers la simulation, le logiciel "Flowshop simulator" montre que les estimateurs obtenus sont de plus petite variance avec l'EDA qu'avec l'ED ou l'EA.

Tous les résultats expérimentaux confirment les résultats théoriques et démontrent que notre méthode est plus efficace que l'ED et aussi l'EA.

Les parties théorique et expérimentale suggèrent que la méthode de l' EDA offre une meilleure alternative à l'ED qu'a l'EA.

Perspectives

Pour rendre la méthode d'échantillonnage proposée EDA plus performante, nous proposons sa parallélisation. Pour atteindre cet objectif, il est nécessaire de disposer d'un processeur maître pour générer les nombres premiers aléatoirement, et de différents processeurs esclaves pour générer les nombres réguliers ainsi que les observations des différents échantillons. Le processeur maître communique les nombres premiers aux processeurs esclaves qui a leur tour, lui communiquent leurs résultats pour le traitement.

Nous suggérons également de développer un composant pour notre méthode, pour être intégré dans n'importe quelle plate-forme logiciel, de manière à prendre en compte les avancées remarquables dans le domaine de l'informatique et particulièrement dans les "web services".

Annexe A_1 : Calcul de la moyenne et la variance de la fonction Performance

La fonction Perf est définit par:

$$Y = \text{Perf}(U) = \sum_{j=1}^{5} A_j \times \cos(2\pi\omega_j U) + 25$$

Calculons d'abord la moyenne et la variance de la variable aléatoire

$$X(U) = A \times \cos(2\pi\omega U)$$

où U est une variable aléatoire uniformément distribuée entre 0 et 1.

$$E(X(U)) = \int_0^1 X(u)du = \int_0^1 A \times \cos(2\pi\omega u)\, du = \frac{A \sin(2\pi\omega)}{2\pi\omega}$$

comme $\omega \in N^*$ alors

$$E(X(U)) = 0$$

Par ailleurs

$$Var(X(U)) = \int_0^1 [X(u) - E(X(u))]^2\, du = \int_0^1 A^2 \times \cos^2(2\pi\omega u)\, du \qquad (9.1)$$

sachant que

$$\cos^2(t) = \frac{1 + \cos(2t)}{2}$$

l'expression (9.1) devient

$$Var(X(U)) = \frac{A^2}{2} \int_0^1 [1 + \cos(4\pi\omega u)]\, du$$

Après simplification, nous obtenons

$$Var(X(U)) = \frac{A^2}{2}$$

A partir de ces résultats, il s'ensuit que

$$\mu = E(Y) = \sum_{j=1}^{5} E[X_j(U)] + 25$$

puisque
$$E(X_j(U)) = 0, \ \forall j = 1, ..., 5$$
alors
$$\mu = 25$$
De plus
$$\sigma^2 = Var(Y) = Var\left[\sum_{j=1}^{5} X_j(U) + 25\right]$$
en supposant que $X_j(U)$, $j = 1, ..., 5$ sont des variables aléatoires indépendantes alors
$$\sigma^2 = \sum_{j=1}^{5} Var[X_j(U)] = \frac{1}{2}\sum_{j=1}^{5} A_j^2$$

AnnexeA$_2$: Résultats empiriques du "meilleur modèle 2"

Dans le but d'identifier le "meilleur modèle 2", on fait varier la variable d'entrée par un angle de $\frac{\pi}{2}$.

On exécute donc, une histoire en supposant l'amplitude $A = 10$, $n = 10$ observations de la variable aléatoire d'entrée et la fréquence théorique identique aux nombres d'observations i. e. $\omega = 10$. Les résultats observés sont alors donnés dans la table suivante.

r_i	0.05	0.15	0.25	0.35	0.45	0.55	0.65	0.75	0.85	0.95	$\overline{f}$
f_i	25	25	25	25	25	25	25	25	25	25	25

Table 14: Résultats empiriques pour identifier le "meilleur modèle 2"

De cette table, on remarque que l'estimateur de la moyenne est sans biais.

Annexe A_3 : mesures de performance du problème 4

Les mesures de performance en utilisant l'échantillonnage aléatoire, descriptif et descriptif amélioré sont données dans les tables suivantes 15, 16 et 17.

Méthode\machine	0	1	2
EA	0.64	0.94	0.92
ED	0.54	0.76	0.79
EDA	0.06	0.06	0.05

Table15: Résultats empiriques des taux d'occupation liés aux machines

Méthode\File	0	1	2
EA	331.84	312.45	339.8
ED	136.59	316.48	171.07
EDA	178	213.17	92.09

Table16: Résultats empiriques du temps d'attente moyen liés aux produits

Méthode	L_s	W_s	U
EA	9	933.36	0.83
ED	8	759.58	0.70
EDA	3	337.08	0.06

Table17: Résultats empiriques liés au système

Bibliographie

[1] Th. Amodeo, Thèse de DEA, Laboratoire d'automatique de mécatronique, productique et systémique (LAMPS).

[2] V. L. Anderson and R. A. Mc Lean, Design of experiments: A realistic approach, Marcel Dekker, New York, 1974.

[3] V. D. Barnett, Random negative exponential deviates. 2 pair-wise correlated sets of 10,000 observations: With facilities for the generation of random χ^2 deviates on any integral number of degrees of freedom, Cambridge university Press, New York. 1965.

[4] Brahms, Réseaux de Pétri: Théorie et Pratique, Thèse d'état, Université Paris 6, 1983.

[5] P. Bratley, B. L. Fox and L. E. Schrage, A guide to simulation, Second Edition, Springer-verlag New York Inc, 1987.

[6] T. A. Budne The application of random balance designs, Technometrics, Vol 1, (1959), 139-155.

[7] David and Alla, Les réseaux de Pétri, 1989.

[8] David and Alla, Les réseaux de Pétri et le système parallèle, 1993.

[9] S. Ehrenfeld and S. Ben Tuvia, the efficiency of statistical simulation procedures, Technometrics, Vol 4, (1962), 257-275.

[10] P. Esquirol et P. Lopez, L'ordonnancement, Economica, Paris, 1999.

[11] G. S. Fishman, Monte-Carlo: Concepts, algorithms and applications Springer-Verlag, (1997).

[12] J. M. Hammersley and J. G. Mauldon, General principles of antithetic variates, Proc. Cambridge Philos. Soc, Vol 52, (1956), 476-481.

[13] F. J. Hickernell, H. S. Hong, P. L'Ecuyer and C. Lemieux, Extensible lattice sequences for quasi Monte-Carlo quadrature, SIAM Journal on scientific computing. 22, 3 (2000) 1117-1138.

[14] E. J. Ignall, On experimentation designs for computer simulation experiments, Management science, vol 18, (1972), 384-388.

[15] M. G. Kendall and S. Babington, Randomness and random sampling numbers, J. Roy. Stat. Soc. 101 (1938) 147-166.

[16] B. A. James, Variances reduction techniques, J. opl. Res. Soc, Vol 36, (1985), 525-530.

[17] J. P. C. Kleijnen, Statistical techniques in simulation, Part1, Dekker, New York, 1974.

[18] J. P. C. Kleijnen, Design and analysis of simulations: Practical statistical techniques, Simulation, vol 28, (1977), 81-90.

[19] T. W. Körner, Fourier Analysis (Trinity Hall, Cambridge University Press, (1988).

[20] W. L. Loh, On Latin hypercube sampling, The annals of statistics. 24 (1996) 2058-2080.

[21] P. Lopez and F. Roubellat, Ordonnancement de la production, Hermes science, (2001).

[22] W. J. Morokoff and R. E. Caflisch, Quasi random sequences and their discrepancies, SIAM Journal on scientific computing. (1994) 1571-1599.

BIBLIOGRAPHIE

[23] M. D. McKay, R. J. Beckman and W. J. Conover, A comparison of three methods for selecting values of input variables in the analysis of output from a computer code, Technometrics. 21 (1979) 239-245.

[24] H. Niederreiter, Random number generation and quasi Monte-Carlo methods CBMS-SIAM. 63, Philadelphia, (1992).

[25] A. B. Owen, A central limit theorem for Latin hypercube sampling, Journal of the Royal Statistical society. Ser. B. 54 (1992) 541-551.

[26] M.Pidd, Computer simulation in management science, John Wiley and Sons, Chichester, 1984.

[27] M.Pidd, Computer simulation in management science (4th ed), John Wiley and Sons, Chichester, 1998.

[28] G. Pujolle and S. Fdida, Modèles de systèmes de reseau, Tome1: Performances. Eyrolles 1989.

[29] G. Pujolle and S. Fdida, Modèles de systèmes de reseau, Tome2: Théorie des files d'attente. Eyrolles 1989.

[30] J. S. Ramberg, and B. W. Schmeiser, An Approximate Method for generating Symmetric Random Variables, Communications of the ACM. 15 (1972) 987- 990.

[31] K. W. Ross, D. Tsang and J. Wang, Monte-Carlo summation and integration applied to multichain queueing networks, Journal Assoc. Compu. Mach. 41, 6 (1994) 1110-1135.

[32] Sheldon M. Ross, Simulation, Second Edition, Academic Press, Boston, 1997.

[33] E. Saliby, A reappraisal of some simulation fundamentals, Ph.D Thesis, Department of Operational Research, University of Lancaster, 1980.

[34] E. Saliby, Understanding the variability of simulation results: An empirical study, Journal of the Operational Research Society. 41, 4 (1990) 319-327.

[35] E. Saliby, Descriptive Sampling: A better approach to Monte Carlo simulation, Journal of the Operational Research Society. 41, 12 (1990) 1133-1142.

[36] E. Saliby and R. J. Paul, Implementing Descriptive Sampling in Three Phase Discrete Event Simulation Models, Journal of the Operational Research Society. 44 (1993) 147-160.

[37] E. Saliby, Descriptive sampling: an improvement over latin hypercube sampling, Winter Simulation Conference, (1997) 230-233.

[38] F. E. Satterthwaite, Random balance experimentation, Technometrics, Vol 1, (1959) 111-137.

[39] R. E. Shannon, Systems simulation, the art and science, Prentice-Hall, New-Jersey, (1975).

[40] R. Spiegel, Murray, Fourier Analysis with applications to boundary value problems McGraw-Hill Inc, New-York, (1974).

[41] M. Stein, Large sample properties of simulations using latin hypercube sampling, Technometrics. 29 (1987) 143-151.

[42] B. Tuffin, Variance reductions applied to product-form multi-class queueing networks, ACM Trans. Modeling and Computer Simulation. 7, 4 (1997) 478-500.

[43] B. Tuffin and L.M. Le Ny, Parallélisation d'une combinaison des méthodes de Monte-Carlo et quasi Monte-Carlo et application aux réseaux de files d'attente, RAIRO Operations Research. 34 (2000) 85-98.

[44] K. D. Tocher, The art of simulation, English University Press, London, 1963.

[45] G. Vidal-Naquet and A. Choquet-Genbiet, Réseaux de Pétri et systèmes parallèles, 1992.

[46] W. J. Youden, O. Kempthorne, J. W. Tukey, G. E. P. Box and J. S. Hunter, Discussion of the papers of Messrs. Satterthwaite and Budne, Technometrics, Vol 1, (1959) 157-193.

Publications dues à cette thèse

1. Megdouda Tari & Abdelnasser Dahmani. Refined descriptive sampling: A better approach to Monte Carlo simulation. Simulation Modelling Practice and Theory (SIMPAT). Vol 14, (2) (2006) pp 143-160.

2. Megdouda Tari & Abdelnasser Dahmani. The three phases discrete event simulation using some sampling methods. International journal of applied mathematics and Statistics (IJAMAS). Vol 3, N°D 05 (2005) pp 37-48. ISSN 0973-1377

3. Megdouda Tari & Abdelnasser Dahmani. Flowshop Simulator using different sampling methods. Operational Research: An International Journal (ORIJ) Vol 5, N° 2 (2005) pp 261-272.

4. Megdouda Tari & Abdelnasser Dahmani. The refining of descriptive sampling. International Journal of Applied Mathematics and Statistics (IJAMAS). Vol 3, N°M05, (2005) pp 41-68. ISSN 0973-1377

5. Megdouda Tari & Abdelnasser Dahmani. Descriptive sampling Improved. InterStat. Statistics on the Internet. ISSN 1941-689X. Nov (2002) http://interstat.statjournals.net

I want morebooks!

Buy your books fast and straightforward online - at one of world's fastest growing online book stores! Environmentally sound due to Print-on-Demand technologies.

Buy your books online at
www.morebooks.shop

Achetez vos livres en ligne, vite et bien, sur l'une des librairies en ligne les plus performantes au monde!
En protégeant nos ressources et notre environnement grâce à l'impression à la demande.

La librairie en ligne pour acheter plus vite
www.morebooks.shop

Printed by Books on Demand GmbH, Norderstedt / Germany